中国人民大学统计咨询研究中心
中国人民大学概率论与数理统计研究所　联合推出
教育部重点科研基地应用统计科学研究中心

数据分析系列教材

多元统计分析

——原理与基于 SPSS 的应用

（第二版）

李静萍　编著

U0385976

中国人民大学出版社
·北京·

数 据 分 析 系 列 教 材 编 委 会

编委会主任　易丹辉

编委会委员（按姓氏笔画排序）

王惠文　吴喜之　张　波

易丹辉　柯惠新　耿　直

黄登源　谢邦昌

总　序

随着社会经济的不断发展、科学技术的不断进步，统计方法越来越成为人们必不可少的工具和手段。在多年教学过程中，老师们也越来越感到运用统计方法解决实际问题的重要，不少人在探索如何运用统计软件介绍和学习统计方法，思考如何运用这些方法解决实际问题。

自 2008 年数据分析系列教材出版以来，得到了不少读者的关注，这次丛书在原来的基础上，根据几位老师教学和科研的实践经验，重新策划完成。丛书特别邀请北京航空航天大学王惠文教授加盟，担任《描述统计》一书的撰写。她多年运用描述统计方法解决实际问题，积累了丰富的经验，将为读者正确运用描述统计方法提供参考。由于几位年轻老师不辞辛苦，这套数据分析系列教材在原来的基础上作了调整，更适合读者的实际需要。

在我们看来，掌握统计方法不仅要理论上弄明白，更重要的在于能够正确有效地运用这些方法，分析说明实际问题。这套丛书正是试图利用实际数据，通过统计软件的实际操作，对所能够使用的统计方法加以说明，使读者不仅能够了解相应的统计方法，而且能够通过计算机操作学会运用这些方法处理分析实际数据。希望这套丛书的出版能够为读者提供这样学习的工具。

由于水平有限，难免有不足之处。恳请读者朋友们提出宝贵意见。我们也会循着这样的思路，在教学以及和读者的交流沟通中不断积累、不断提高、不断完善，奉献给读者更多、更好的成果。

感谢为这套丛书的编写付出汗水的研究生，感谢几位认真用心的年轻老师，感谢中国人民大学出版社的大力支持，特别是陈永凤编辑和王伟娟编辑，是她们的努力，让这套丛书在很短的时间里出版。为方便读者，书中的所有例题数据，都将放在中国人民大学出版社的网站上，供读者下载并练习。谢谢读者，希望在数据采集变得越来越容易、大数据时代到来的今天，能够加强沟通和联系，为提高统计方法实际运用的能力和水平共同努力。

易丹辉

前　言

　　多元统计分析是近年来发展迅速的统计分析方法之一，广泛应用于自然科学和社会科学的各个学科，是各个领域的研究者和工作者探索多元世界的强有力工具。目前，市面上已经有不少关于多元统计分析方法的教材或专著，其中也不乏从国外引进或翻译过来的同类教材，它们对多元统计的方法原理有比较深入的介绍。但是，对于那些希望在实际研究或工作中应用多元统计方法的研究者而言，急需的是一本既能通俗地介绍多元统计方法原理，又能提供切实的操作指南的参考书。

　　本书根据读者的上述需求，在简要介绍多元统计方法原理的基础上，侧重于结合实例介绍多元统计方法的应用。在方法的具体实现上，书中采用国内广泛使用的统计软件 SPSS，详细介绍多元统计方法在统计软件中的实现以及计算机输出结果的解读。

　　在内容编排上，本书基本涵盖了常用的多元统计方法，尤其是第十二章所介绍的结构方程模型，是市面上多元统计教材或专著较少涉及的主题；在写作风格上，本书用尽可能通俗的语言阐明各种多元统计方法功能和原理；在案例应用上，本书全部采用现实中的真实数据，尽可能详尽地介绍统计软件的各种操作选项和输出结果。此外，本书在各章的最后一节给出使用各种多元统计方法注意的事项，力求帮助读者正确应用多元统计分析方法。

　　本书可供经济学、管理学、心理学、生物医学等各个领域的实际工作者参考，同时也可以作为上述有关专业以及统计学专业的高年级本科生或研究生的教材或参考书。

　　在本书写作过程中，得到了易丹辉教授的悉心指导和大力支持，她对青年教师的关心和支持是本书得以顺利完成的坚强后盾，在此致以衷心的感谢。此外，研究生张剑为本书的案例分析提供了基础素材，付出了大量的劳动，在此也向他表示深深的感谢。当然，文责自负，书中难免有疏漏和错误，全部由编著者承担。

李静萍

目 录

C 第一章
Chapter 1　回归分析

回归分析是研究一个因变量与一个或多个自变量是否有关以及关系强度的统计方法。在我们找到变量间的回归关系之后，就可以利用这些关系来描述变量之间的关系。例如，如果确定了居民收入与消费总额的回归方程，就可以了解这两个变量之间的关系，确定居民边际消费倾向的大小。其次，可以利用回归关系对目标变量进行控制。例如，如果找到了商品价格与需求量之间的回归关系，那么通过控制价格，就可以在一定程度上控制需求量。此外，还可以利用回归关系对目标变量进行预测。例如，如果找到了居民收入与消费总额的回归关系，就可以根据居民收入来估计当年的消费总额。

只有一个自变量的回归分析称为一元回归分析，有多个自变量的回归分析称为多元回归分析。本章分别介绍这两种回归分析的基本原理及其应用。

第一节　一元回归分析

一、一元回归分析概述

最简单的回归分析是一元线性回归，即只包括一个因变量 Y 和一个自变量 X：

$$Y_i = \beta_0 + \beta_1 X_i + \varepsilon_i, \ i = 1, 2, \cdots, n \tag{1.1}$$

式中，Y 表示因变量或响应变量（dependent variable；response variable）；X 表示自变量或解释变量（independent variable；explanatory variable）；ε 表示误差项；i 表示第 i 个样本单位，(x_i, y_i) 表示 (X, Y) 的第 i 个观测值。

式（1.1）表现的关系称为线性回归模型（linear regression model）。其中，β_0 和

β_1是模型中的参数（regression parameters），也称为回归系数（regression coefficient）。$\beta_0+\beta_1 X_i$反映变量间的线性统计关系，是给定 X_i 的条件下，Y 的平均值。将 $Y_i=\beta_0+\beta_1 X_i$ 称为回归函数，回归函数反映了因变量与自变量之间确定性关系的部分。ε_i表示由 X 以外的其他一切因素所引起的变动，是因变量与自变量之间随机性关系的部分。

经典的回归分析有如下假定：

(1) $E(\varepsilon_i \mid X_i)=0$，$E(Y_i \mid X_i)=\beta_0+\beta_1 X_i$；

(2) $Var(\varepsilon_i \mid X_i)=\sigma^2$，$Var(Y_i \mid X_i)=\sigma^2$；

(3) $Cov(\varepsilon_i,\ \varepsilon_j)=0$，$Cov(Y_i,\ Y_j)=0$，当 $i\neq j$ 时；

(4) $\varepsilon_i \sim N(0,\ \sigma^2)$，$Y_i \sim N(\beta_0+\beta_1 X_i,\ \sigma^2)$。

其中，第 1 个假定称为线性回归假定，第 2 个假定称为同方差假定，第 3 个假定称为序列无关假定，第 4 个假定称为正态性假定。

回归分析的基本任务包括根据样本数据对回归参数进行估计和假设检验。

二、回归参数的估计

常用的估计回归参数的方法有两种，即普通最小二乘估计和极大似然估计。

(一) 普通最小二乘估计（ordinary least square estimation，OLSE）

对于每一个样本单位，考虑因变量的观测值 y_i 与其平均值 $\beta_0+\beta_1 x_i$ 的离差，该离差当然越小越好。综合考虑 n 个离差值，定义离差平方和为：

$$Q(\beta_0,\beta_1) = \sum_{i=1}^{n}\left[y_i - E(Y_i \mid x_i)\right]^2 = \sum_{i=1}^{n}(y_i - \beta_0 + \beta_1 x_i)^2 \tag{1.2}$$

所谓最小二乘法，就是寻找 β_0 和 β_1 的估计值 $\hat{\beta}_0$ 和 $\hat{\beta}_1$，使式（1.2）达到最小。

利用微积分知识可以证明，回归参数的最小二乘估计 $\hat{\beta}_0$ 和 $\hat{\beta}_1$ 为：

$$\hat{\beta}_1 = \frac{\sum_{i=1}^{n}(x_i-\bar{x})(y_i-\bar{y})}{\sum_{i=1}^{n}(x_i-\bar{x})^2} \tag{1.3}$$

$$\hat{\beta}_0 = \bar{y} - \hat{\beta}_1\bar{x} \tag{1.4}$$

式中，$\bar{x}$ 为自变量的平均值；$\bar{y}$ 为因变量的平均值。

将回归参数的最小二乘估计代入回归函数，可得到回归方程，即 $\hat{y}_i=\hat{\beta}_0+\hat{\beta}_1 x_i$。$\hat{y}_i$ 是给定 x_i 的条件下，因变量平均值的估计值，也称为因变量的拟合值。因变量观察值 y_i 与其拟合值 $\hat{y}_i$ 之间的离差 $y_i-\hat{y}_i$ 称为残差（residual）。

在回归分析中，需要对残差进行分析，从而诊断经典回归分析的基本假定是否成立。

（二）极大似然估计（maximum likelihood estimation，MLE）

极大似然估计是利用总体的分布密度或概率分布的表达式及样本提供的信息建立似然函数，从而求解未知参数估计量的一种方法。

对于连续型随机变量，似然函数就是样本的联合分布密度函数；对于离散型随机变量，似然函数就是样本的联合概率函数。

当总体 X 为连续型分布时，设其分布密度族为 $\{f(x; \theta), \theta \in \Theta\}$。假设总体 X 的一个独立同分布的样本为 $x_1，x_2，\cdots，x_n$，则其似然函数为：

$$L(\theta; x_1, x_2, \cdots, x_n) = \prod_{i=1}^{n} f(x_i; \theta) \tag{1.5}$$

极大似然估计是在 θ 的所有可能取值中选取使随机样本 $(X_1，X_2，\cdots，X_n)$ 落在 $(x_1，x_2，\cdots，x_n)$ 附近的概率最大的 $\hat{\theta}$ 为未知参数 θ 真值的估计值，即极大似然估计量 $\hat{\theta}$ 满足：

$$L(\hat{\theta}; x_1, x_2, \cdots, x_n) = \max_{\theta} L(\theta; x_1, x_2, \cdots, x_n)$$

似然函数的概念不仅仅局限于独立同分布的样本，只要样本的联合密度形式已知，就可以应用极大似然估计。

利用经典回归分析的几个基本假定，即可写出回归分析的似然函数，从而求得回归参数的极大似然估计。

三、回归分析的假设检验与拟合优度

当我们得到回归系数的估计后，不能直接利用它进行分析，还需要用统计方法对回归系数进行显著性检验，并对回归方程的拟合效果进行评估。需要注意的是，在进行假设检验时，通常需要作正态性假设，即假定 ε_i 服从正态分布。对系数的检验方法有 t 检验和 F 检验，对方程拟合优度的评价可采用样本决定系数。

（一）t 检验

t 检验是统计推断中一种常用的检验方法，在回归分析中，t 检验用于检验回归系数的显著性，即检验自变量 X 对因变量 Y 的影响程度是否显著。

t 检验的原假设是 $H_0: \beta_1 = 0$，备择假设是 $H_1: \beta_1 \neq 0$。

若原假设 H_0 成立，则因变量 Y 与自变量 X 之间并没有真正的线性关系，即自变量 X 对因变量 Y 没有显著影响。

t 检验使用的检验统计量为 t 统计量。给定显著性水平 α，双侧检验的临界值为 $t_{\alpha/2}$。当 $|t| \geqslant t_{\alpha/2}$ 时，拒绝原假设，认为 β_1 显著不为 0，一元线性回归成立；当 $|t| <$

$t_{\alpha/2}$ 时，不能拒绝原假设，认为 β_1 与 0 没有显著差异，一元线性回归不成立。

（二）F 检验

对回归系数显著性的另一种检验方法是 F 检验，F 检验也可对回归方程的显著性进行检验。F 检验根据平方和分解，直接从回归方程的拟合效果检验回归方程的显著性。

总平方和：$SST = \sum\limits_{i=1}^{n} (y_i - \bar{y})^2$

回归平方和：$SSR = \sum\limits_{i=1}^{n} (\hat{y}_i - \bar{y})^2$

残差平方和：$SSE = \sum\limits_{i=1}^{n} (y_i - \hat{y}_i)^2$

容易得到平方和的分解式为：

$$SST = SSR + SSE \tag{1.6}$$

总平方和 SST 反映因变量的总的波动程度；回归平方和 SSR 是由回归方程确定的，也就是自变量 X 的波动引起的因变量的波动程度；误差平方和 SSE 则是不能用自变量解释的波动，是由 X 之外的不能控制的因素引起的。显然，回归平方和 SSR 越大，回归的效果越好。

F 检验的假设与 t 检验相同，其检验统计量如下：

$$F = \frac{SSR/1}{SSE/(n-2)} \tag{1.7}$$

在正态假设下，当原假设成立时，F 服从自由度为 $(1, n-2)$ 的 F 分布。给定显著性水平 α，F 检验的临界值为 $F_\alpha(1, n-2)$。当 $F \geqslant F_\alpha(1, n-2)$ 时，拒绝原假设，说明回归方程显著，X 与 Y 有显著的线性关系。

（三）样本决定系数

由前述回归平方和与残差平方和的含义可知，回归平方和在总平方和中所占的比重越大，线性回归效果越好，表明回归直线对样本观测值的拟合优度越好。最理想的情况是所有观察值均落在回归直线上，此时 $SSE=0$。如果残差平方和所占的比重大，则说明回归直线对样本观测值的拟合效果不理想，最坏的情况是 $SSR=0$，此时估计回归方程式完全无法预测 y。

将回归平方和与总离差平方和之比定义为样本决定系数，记为 R^2，即

$$R^2 = \frac{SSR}{SST} = \frac{\sum\limits_{i=1}^{n} (\hat{y}_i - \bar{y})^2}{\sum\limits_{i=1}^{n} (y_i - \bar{y})^2} \tag{1.8}$$

决定系数 R^2 是一个衡量回归直线对样本观测值拟合优度的相对指标，反映了因变量的波动中能用自变量解释的比例。R^2 的值总是在 $0 \sim 1$ 之间，R^2 越接近于 1，拟合优度就越好；反之，说明模型中所给出的 X 对 Y 的信息还不充分，回归方程的效果不好，应进行修改，使 X 与 Y 的信息得到充分利用。

四、一元回归应用实例

我们以对中国 2009 年各地区有效发明专利数量的分析为例，说明一元回归分析的应用。数据为国家统计局网站发布的第二次 R&D 资源清查数据。

（一）变量选择

回归分析的第一步是确定模型中的因变量和自变量。本例使用的数据如图 1—1 所示。其中包括反映 R&D 活动产出的变量——有效发明专利数，以及反映各地区对 R&D 活动所投入的资源的变量，包括项目数、人员投入以及经费投入等。

V1	有效发明专利数	RD项目数	RD人员全时当量	人员全时当量中基础研究人员比重	RD人员	RD人员中博硕士比重	RD经费支出	RD经费支出中人员劳务费比重	RD经费支出中政府和事业费比重	RD经费支出中企业资金比重
北 京	32212	83911	191779	14.18	252676	36.93	6686351	25.04	14.57	36.07
天 津	6987	22472	52039	8.34	72599	20.28	1784661	17.98	15.46	76.32
河 北	3666	18135	56509	5.65	84601	16.06	1348446	20.55	16.23	75.13
山 西	2299	9944	47772	6.34	66147	15.05	808563	19.70	17.55	80.62
内蒙古	736	6264	21676	8.06	31381	16.39	520726	20.17	15.60	79.85
辽 宁	11042	29032	80925	8.70	119440	21.56	2323687	17.03	11.29	77.01
吉 林	3421	15728	39393	16.12	56428	35.17	813602	18.80	11.45	65.07
黑龙江	5559	19148	54159	12.28	72587	21.00	1091704	20.29	11.52	59.91
上 海	24587	50567	132859	10.24	170512	27.50	4233774	29.79	13.17	66.84
江 苏	25983	65224	273273	3.23	369403	12.67	7019529	24.73	9.19	89.93
浙 江	22664	62145	185069	2.96	239058	12.54	3988367	28.93	13.26	88.68
安 徽	5200	23029	59697	9.05	87664	16.61	1359535	18.47	15.08	69.32
福 建	3933	21771	63269	5.27	85745	13.41	1353819	26.94	18.22	86.12
江 西	1024	15797	33055	6.99	51894	14.23	758936	18.04	13.01	73.88
山 东	11330	44251	164620	5.17	233137	14.12	5195920	19.41	14.87	89.07
河 南	5187	22347	92571	2.84	132062	11.99	1747599	20.89	16.55	80.17
湖 北	9207	36565	91161	7.06	131680	19.51	2134490	21.04	12.79	70.36
湖 南	10602	28335	63843	8.09	93806	19.50	1534995	23.16	11.51	70.35
广 东	33951	64554	283650	3.06	383524	17.93	6529820	37.35	9.76	88.49
广 西	1403	16533	29856	16.05	45049	25.19	472028	24.30	13.96	71.83
海 南	194	2534	4210	10.74	6487	22.07	57806	31.67	17.81	38.18
重 庆	3573	16140	35005	9.58	53359	21.63	794599	21.82	17.73	77.19

图 1—1 发明专利与 R&D 投入数据

本例中，有效发明专利数为因变量。一个可能的假设是 R&D 的产出与 R&D 的投入有关，投入越多，则产出越多。

在本例中，反映 R&D 活动投入的变量有多个，如果建立一元回归模型，需要从多个变量中选择一个。如果不能通过数据的意义来确定最合适的自变量，一般先计算各个变量与因变量的相关系数，然后根据各变量与因变量的相关性大小来选择自变量。

按照"分析"（Analyze）→"相关"（Correlate）→"双变量"（Bivariate）的路径进入相关分析对话框，然后将所有变量选进"变量"（Variable），点击"确定"（OK），可以得到因变量与其他所有变量的相关系数。本例中，有效发明专利数与各变量的相关系数如表 1—1 所示。由表 1—1 可以看出，除了 R&D 人员中博硕士比重、R&D 经费支出中人员劳务费比重和 R&D 经费支出中企业资金比重以外，其他变量与因变量的相关系数都在 0.05 的显著性水平下具有显著性。由于 R&D 项目数与因变量的相关关系很强，因此下面选择 R&D 项目数为自变量，建立一元回归模型。

在建模之前可以绘制因变量与自变量的散点图，观察变量之间的统计关系的形式。

表 1—1

有效发明专利数与其他变量的 Pearson 相关系数

	RD 项目数	RD 人员全时当量	人员全时当量中基础研究人员比重	RD 人员	RD 人员中博硕士比重	RD 经费支出	RD 经费支出中人员劳务费比重	RD 经费支出中仪器和设备费比重	RD 经费支出中企业资金比重
Pearson 相关系数	0.954**	0.930**	−0.383*	0.919**	0.168	0.944**	0.322	−0.480**	0.139
显著性（双侧）	0.000	0.000	0.034	0.000	0.366	0.000	0.077	0.006	0.457

** 在 0.01 水平（双侧）上显著相关；
* 在 0.05 水平（双侧）上显著相关。

按照"图形"（Graphs）→"散点/点状"（Scatter/Dot）→"简单分布"（Simple Scatter）的路径进入散点图窗口，在窗口的"Y 轴"（Y Axis）和"X 轴"（X Axis）中选择因变量与自变量，点击"确定"（OK）后即可生成两者之间的散点图。本例的散点图如图 1—2 所示。由图 1—2 可以看到，有效发明专利数与项目数大体上呈现一种正向的线性关系，可以考虑建立一元线性回归模型。

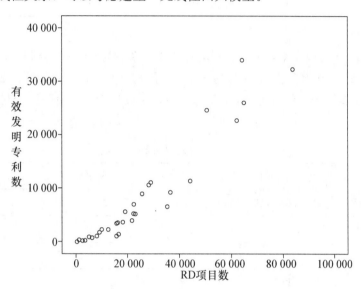

图 1—2　因变量与自变量的散点图

（二）建立一元线性回归模型

在 SPSS 中进行回归模型估计的具体操作步骤为：点选菜单"分析"（Analyze）→"回归"（Regression）→"线性"（Linear regression），出现回归分析对话框，如图 1—3 所示。在变量选择对话框，选择"有效发明专利数"进入"因变量"（Dependent）框，选择"RD 项目数"进入"自变量"（Independent）框，在"方法"（Method）选项中选择"进入"（Enter），表示让选择的自变量进入回归模型，点击"确定"（OK）完成分析。

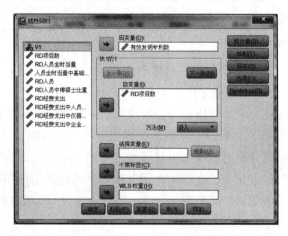

图 1—3　一元回归分析对话框

（三）结果分析

在输出（Output）中可以看到回归模型的一般性统计量表（见表1—2）。

表1—2   回归模型的汇总统计量表

模型	R	R方	调整 R 方	标准估计的误差
1	0.954[a]	0.911	0.908	2 931.960

a. 预测变量：（常量），RD项目数。

由表1—2可以看出，回归方程的样本决定系数为0.911，回归方程的效果很好。

表1—3是反映平方和分解的方差分析表。由表1—3可以看出，F统计量为296.01，伴随的 Sig. 值接近0，拒绝原假设，可以认为自变量与因变量之间有显著的线性关系。

表1—3   方差分析表[a]

模型		平方和	df	均方	F	Sig.
1	回归	2 544 620 119.043	1	2 544 620 119.043	296.010	0.000[b]
	残差	249 295 242.699	29	8 596 387.679		
	总计	2 793 915 361.742	30			

a. 因变量：有效发明专利数。
b. 预测变量：（常量），RD项目数。

下面进一步对回归系数进行检验和解释。表1—4给出了回归系数的估计值及其显著性检验结果。

表1—4   一元回归系数结果[a]

模型		非标准化系数		标准系数	t	Sig.
		B	标准误差	试用版		
1	（常量）	−2 866.931	820.710		−3.493	0.002
	RD项目数	0.433	0.025	0.954	17.205	0.000

a. 因变量：有效发明专利数。

有效发明专利数关于 R&D 项目数的未标准化的回归系数为0.433。这意味着，每增加1个 R&D 项目，有效发明专利数平均会增加0.433个。换言之，每增加1 000个 R&D 项目，有效发明专利数平均会增加433个。这个未标准化回归系数的 Sig. 值接近0，所以这个回归系数在0.05的显著性水平下是显著的。

另外，进行回归分析时，还可以计算标准化回归系数。对因变量和自变量分别进行标准化，然后对标准化后的变量建立回归模型，所得到的回归系数即为标准化回归系数。本例中，标准化回归系数是0.954，这意味着 R&D 项目数每增加1个标准差，有效发明专利数将增加0.954个标准差。

最后，可以根据残差图对回归模型的效果进行评价。在回归分析菜单的"绘制"

（Plots）中选择因变量与残差的图，默认给出散点图。本例中，散点图的 Y 轴选择标准化残差，并选择了正态概率 P-P 图。如果 P-P 图中的点围绕在对角线附近，则表明数据的分布与正态分布差别不大。

散点图 1—4 表明因变量的不同水平所对应的标准化残差基本上处于（−3，3）的区间，说明数据中没有明显的异常值。此外，可以看到，标准化残差没有随着有效发明专利数的增大表现出明显的趋势，变动范围也比较一致，符合回归分析的假定 2 和假定 3。

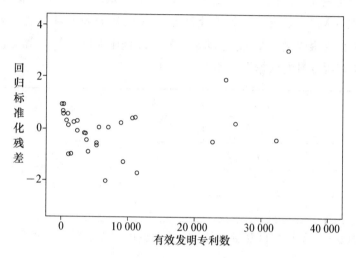

图 1—4 标准化残差对因变量的散点图

由图 1—5 所示的 P-P 图可以看到，标准化残差的分布状态虽然有点偏离正态分布，但仍可看作在可接受的区间内，符合回归分析的假定 4。

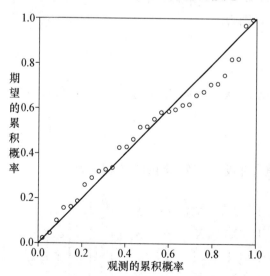

图 1—5 标准化残差的 P-P 图

第二节　多元回归分析

一、多元回归分析概述

影响因变量 Y 的自变量 X 通常不止一个，如影响小麦产量的因素有降雨量（X_1）、气温（X_2）、湿度（X_3）和土壤肥力（X_4）等多个自变量，又如影响人们体重的因素有食物摄取量（X_1）、运动量（X_2）及睡眠时间（X_3）等变量。在这种情况下，自变量与因变量的数据形式如下：

Y	X_1	X_2	$\cdots$	X_k
y_1	x_{11}	x_{12}	$\cdots$	x_{1k}
y_2	x_{21}	x_{22}	$\cdots$	x_{2k}
$\vdots$	$\vdots$	$\vdots$		$\vdots$
y_n	x_{n1}	x_{n2}	$\cdots$	x_{nk}

上述因变量（Y）与自变量（X）的关系也可用数学模型表示为：

$$Y_i = \beta_0 + \beta_1 X_{i1} + \beta_2 X_{i2} + \cdots + \beta_k X_{ik} + \varepsilon_i,\ i = 1, 2, \cdots, n \tag{1.9}$$

式（1.9）中各自变量的最高次幂皆为 1 次，因此称为多元线性回归模型，其中 β_0 为截距，$\beta_i(i=1, 2, \cdots, k)$ 为斜率。

若以矩阵表示，则为：

$$Y_i = (1 \quad X_{i1} \quad X_{i2} \quad \cdots \quad X_{ik}) \begin{pmatrix} \beta_0 \\ \beta_1 \\ \beta_2 \\ \vdots \\ \beta_k \end{pmatrix} + \varepsilon_i,\ i = 1, 2, \cdots, n \tag{1.10}$$

将 n 个观察值合并成一矩阵，则回归方程式为：

$$\begin{pmatrix} Y_1 \\ Y_2 \\ \vdots \\ Y_n \end{pmatrix} = \begin{pmatrix} 1 & X_{11} & X_{12} & \cdots & X_{1k} \\ 1 & X_{21} & X_{22} & \cdots & X_{2k} \\ \vdots & \vdots & \vdots & & \vdots \\ 1 & X_{n1} & X_{n2} & \cdots & X_{nk} \end{pmatrix} \begin{pmatrix} \beta_0 \\ \beta_1 \\ \beta_2 \\ \vdots \\ \beta_k \end{pmatrix} + \begin{pmatrix} \varepsilon_1 \\ \varepsilon_2 \\ \vdots \\ \varepsilon_n \end{pmatrix} \tag{1.11}$$

可以用矩阵形式简化表示为：

$$Y_{n\times1}=X_{n\times(k+1)}\boldsymbol{\beta}_{(k+1)\times1}+\boldsymbol{\varepsilon}_{n\times1} \tag{1.12}$$

注意，这里的多元回归是指自变量多于一个变量的回归，不包括因变量是多元的情况。

二、回归参数的最小二乘估计

回归模型中未知参数包括回归系数 $\boldsymbol{\beta}$ 及误差成分 σ^2。在多元回归模型中，$\boldsymbol{\varepsilon}$ 为随机向量，在给定 X 的条件下，假定其期望值为 $\mathbf{0}$，协方差为 $\sigma^2\mathbf{I}$，且服从多元正态分布，即

$$E(\boldsymbol{\varepsilon}|X)=\mathbf{0},\ Var(\boldsymbol{\varepsilon}|X)=E(\boldsymbol{\varepsilon\varepsilon}'|X)=\sigma^2\mathbf{I}$$

Y 的均值及协方差矩阵分别为：

$$\mu_{Y|X}=E(Y|X)=E(X\boldsymbol{\beta}+\boldsymbol{\varepsilon})=X\boldsymbol{\beta}+E(\boldsymbol{\varepsilon}|X)=X\boldsymbol{\beta}$$
$$Var(Y|X)=E[(Y-\mu_Y)(Y-\mu_Y)'|X]=E[(Y-X\boldsymbol{\beta})(Y-X\boldsymbol{\beta})']$$
$$=E(\boldsymbol{\varepsilon\varepsilon}'|X)=\sigma^2\mathbf{I} \tag{1.13}$$

因 Y 受 $\boldsymbol{\varepsilon}$ 影响，故 Y 也是正态分布，即 $Y\sim N(X\boldsymbol{\beta},\ \sigma^2\mathbf{I})$。

与一元回归类似，多元回归模型中未知参数的估计通常采用最小二乘法，即求使离差平方和 $Q(\boldsymbol{\beta})=(Y-X\boldsymbol{\beta})'(Y-X\boldsymbol{\beta})$ 达到最小的 $\boldsymbol{\beta}$。$\boldsymbol{\beta}$ 的最小二乘估计为：

$$b=(X'X)^{-1}X'Y \tag{1.14}$$

式中，$b=(\hat{\beta}_0,\ \hat{\beta}_1,\ \cdots,\ \hat{\beta}_k)'=(b_0,\ b_1,\ \cdots,\ b_k)'$。

记残差为 $e=Y-\hat{Y}=Y-Xb$，则残差平方和 $SSE=e'e=(Y-Xb)'(Y-Xb)$。在残差平方和的基础上可以得到 σ^2 的估计，即

$$\hat{\sigma}^2=\frac{SSE}{n-k-1} \tag{1.15}$$

三、多元回归分析假设检验与拟合优度

在多元回归分析中，既有关于回归方程整体显著性的检验，又有关于单个回归系数的显著性检验。

（一）回归方程整体显著性检验

所谓回归方程的整体显著性检验，是指对所有自变量联合起来对因变量是否有影响的检验，使用的检验方法是方差分析。方差分析的原假设是"H_0：$\beta_1=\beta_2=\cdots=\beta_k=0$"，备择假设是"$H_1$：至少有一个 $\beta_i\neq0$（$i=1,\ 2,\ \cdots,\ k$）"。

方差分析的检验统计量是 F 统计量，其计算过程如表 1—5 所示的方差分析表。

表 1—5 方差分析表

变因	自由度	平方和	均方	F 值
回归（R）	k	$SSR=\boldsymbol{b'x'y}$	MSR	$F=MSR/MSE$
残差（E）	$n-k-1$	$SSE=\boldsymbol{e'e}$	MSE	
总计（T）	$n-1$	$SST=\boldsymbol{y'y}$		

若 $F>F_{a,k,(n-k-1)}$，则拒绝原假设，表示各回归系数不全为 0，方程整体具有显著性。

（二）单个回归系数的显著性检验

F 检验并不能回答我们更感兴趣的问题，即这些 β 当中，哪些可以看作 0，哪些不可以。该问题的假设是：对于某一个 β_i（$i=1,2,\cdots,k$）

$$H_0: \beta_i=0$$
$$H_1: \beta_i\neq0$$

对这一类问题的假设检验的结果会直接影响到最后的回归方程。例如，若不能拒绝 $\beta_3=0$，则在最后的回归方程式中，就可以考虑把 $X_3\beta_3$ 这一项去掉，即认为自变量 X_3 对 Y 没有显著影响，无须在回归方程中加以考虑。对单个系数的显著性检验有助于我们正确认识变量之间的关系，也有助于简化回归模型。

与一元回归中系数的显著性检验相同，对单个回归系数的检验使用 t 检验。

（三）调整后的样本决定系数

与一元回归分析一样，对于多元回归分析，可以使用样本决定系数来评价模型的拟合效果。

由于有多个备选自变量，因此，在多元回归中通常需要进行变量选择的工作。在比较不同的模型时，一个自然的想法是选择样本决定系数较大的模型。不过，样本决定系数有一个局限，即在模型中引入的自变量数目越多，R^2 越大，即使新引入的变量对因变量没有显著影响，R^2 也会增大。因此，如果根据 R^2 选择变量，则最终选择的模型将是自变量数目最多的模型，其中可能有若干变量是冗余的，徒增模型的复杂性。而且，如果自变量之间有较强的相关性，则冗余变量的存在会降低回归参数估计的精度。因此，对于多元回归而言，更常用的拟合优度评价指标是调整后的样本决定系数。

调整后的样本决定系数是在样本决定系数的基础上进行自由度的修正，其计算公式为：

$$Adj.R^2=1-\frac{\sum_{i=1}^{n}(y_i-\hat{y}_i)^2/(n-k-1)}{\sum_{i=1}^{n}(y_i-\bar{y})^2/(n-1)} \tag{1.16}$$

如果新进入的变量对解释因变量没有实质性作用，则新模型调整后的 R^2 将会降低。因此，调整后的 R^2 可以作为选择变量的依据。

四、多元回归应用实例

仍以各地区有效发明专利数为例进行多元回归分析。

（一）确定因变量与自变量

与第一节仅涉及一个自变量不同，在本例中，将分析多个 R&D 投入变量与有效发明专利数的关系，具体包括 R&D 项目数、R&D 人员全时当量、R&D 人员、R&D 经费支出等几个总量指标，以及 R&D 人员全时当量中基础研究人员比重、R&D 人员中博硕士比重、R&D 经费支出中人员劳务费比重、R&D 经费支出中仪器和设备费比重以及 R&D 经费支出中企业资金比重等几个结构性指标。通过回归分析，希望了解总量指标和结构性指标对有效发明专利数的影响。

（二）回归分析的操作步骤

按照"分析"（Analyze）→"回归"（Regression）→"线性"（Linear Regression）的路径进入回归分析对话窗口，如图 1—6 所示。在左边的框中分别选择变量作为因变量与自变量进入相应的位置。为了避免多重共线性，在"方法"（Method）选项中选择"逐步"（Stepwise）。点击"绘制"（Plots），在 Y 轴和 X 轴中可以选择因变量与不同形式的残差，给出相应的散点图，此外，还可以选择标准残差图的两个选项。最终点击"确定"（OK），完成分析。

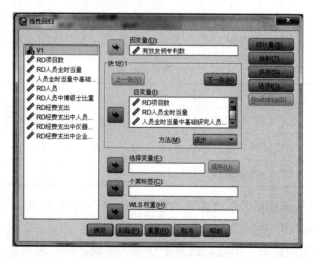

图 1—6　多元回归分析对话框

（三）结果分析

经过逐步回归，一些变量被剔除，最终进入分析的变量如表 1—6 所示。可以看

到，最终进入模型的变量只有 R&D 项目数和 R&D 经费支出中人员劳务费比重。

表 1—6　　　　　　　　　　　　　进入模型变量信息[a]

模型	输入的变量	移去的变量	方法
1	RD 项目数	·	步进（准则：F-to-enter 的概率≪＝0.050，F-to-remove 的概率＞＝0.100）。
2	RD 经费支出中人员劳务费比重	·	步进（准则：F-to-enter 的概率≪＝0.050，F-to-remove 的概率＞＝0.100）。

　　a. 因变量：有效发明专利数。

在输出（Output）中可以看到回归模型的汇总统计量表（见表 1—7）。由表 1—7 可以看到，与仅引入 R&D 项目数的模型 1 相比，引入 R&D 经费支出中人员劳务费比重之后的模型 2 的调整后决定系数更高，同时估计的标准误差也更小，表明模型 2 是更好的模型。

表 1—7　　　　　　　　　　　回归模型的汇总统计量表

模型汇总[c]

模型	R	R 方	调整 R 方	标准 估计的误差
1	0.954[a]	0.911	0.908	2 931.960
2	0.969[b]	0.938	0.934	2 478.275

　　a. 预测变量：（常量），RD 项目数。
　　b. 预测变量：（常量），RD 项目数，RD 经费支出中人员劳务费比重。
　　c. 因变量：有效发明专利数。

项目进一步对模型 2 进行假设检验。由表 1—8 所示的方差分析表可以看到，Sig. 值接近于 0，拒绝原假设，可以认为自变量与因变量之间有显著的线性关系。

表 1—8　　　　　　　　　　　　　方差分析表

模型		平方和	df	均方	F	Sig.
2	回归	2 621 943 689.620	2	1 310 971 844.810	213.449	0.000
	残差	171 971 672.122	28	6 141 845.433		
	总计	2 793 915 361.742	30			

由表 1—9 所示的回归系数表可以看到，R&D 项目数和 R&D 经费支出中人员劳务费比重的非标准化系数都为正值，而且 Sig. 值都小于 0.01，表明两个变量对因变量都有显著的正向影响。不过，这两个变量的单位不同，因此系数不能直接进行比较，如果要比较两个变量对因变量的相对贡献的大小，应当看标准化系数。由表 1—9 可以看到，R&D 项目数的标准化系数大于 R&D 经费支出中人员劳务费比重的标准化系数，表明前者对有效发明专利数的影响更大。

表 1—9　　　　　　　　　　　多元回归模型的回归系数

模型		非标准化系数		标准系数	t	Sig.
		B	标准误差	试用版		
2	（常量）	−9 939.893	2 110.661		−4.709	0.000
	RD 项目数	0.420	0.022	0.926	19.484	0.000
	RD 经费支出中人员劳务费比重	313.580	88.377	0.169	3.548	0.001

在得到了回归模型之后，应该对残差进行检查。散点图图 1—7 表明因变量的不同水平所对应的标准化残差全部落入（−3，3）区间，说明数据中没有异常值。此外，可以看到，标准化残差在一个稳定的范围内随机波动，符合回归分析的假定 2 和假定 3。

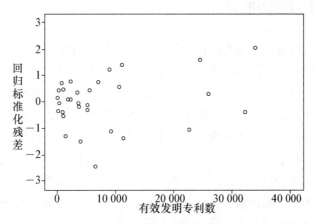

图 1—7　标准化残差对因变量的散点图

由图 1—8 所示的 P-P 图可以看到，引入新的自变量之后，标准化残差的分布状态虽然仍有点偏离，但更接近正态分布，符合回归分析的假定 4。

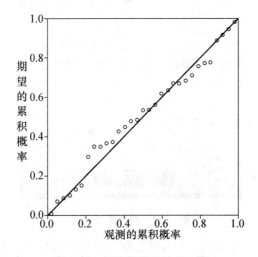

图 1—8　标准化残差的 P-P 图

总的来说，无论是从模型的拟合效果还是残差的分布来看，引入 R&D 经费支出中人员劳务费比重的多元回归模型都明显优于仅引入 R&D 项目数的一元回归模型。

第三节　回归分析的注意事项

回归分析的结果是否有意义，首先取决于模型中选择的自变量是否合理，因此在进行回归分析之前一定要对变量的关系进行理论上的讨论。其次，回归分析的结果是否可用还取决于数据的质量，在回归分析中，需要诊断数据是否满足回归分析的基本假定，以及是否存在异常值。

一、回归分析假定的检验

在第一节已经指出，经典的回归分析有一些基本假定，如果这些假定不成立，就要慎用回归分析的结果。因此在进行回归分析时，需要对这些基本假定进行检验。

观察自变量和因变量的散点图可以直观判断线性假定是否成立。观察残差图，如果标准化残差的图形表现出一种随机波动，没有明显的模式，就有可能意味着同方差和序列无关的假定成立。观察残差的 P-P 图可以对正态性进行检验。

对回归分析假定的检验还有一些更为严格的统计检验方法，如 White 异方差检验、Durbin-Watson 序列相关检验。SPSS 提供了 Durbin-Watson 检验方法，在回归分析对话框中选择"统计量"（Statistics），在出现的对话框中点选"Durbin-Watson"，则可以输出 D-W 检验统计量，如图 1—9 所示。

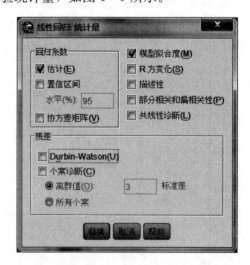

图 1—9　统计量对话框

此外，在图 1—9 中点选"共线性诊断"选项，可以输出多重共线性的诊断结果，在多元回归分析中这个诊断非常重要。

二、异常值的诊断

在实际分析中，常常遇到一些异常的观察值，这些异常值可能会对分析结果造成很大的影响。异常值有三种情况：因变量的异常值、自变量的异常值以及强影响观察值。对于因变量，异常值主要通过残差尤其是删除的学生化残差（deleted studentized residuals）来诊断；对于自变量，异常值主要通过杠杆值（leverage）来诊断；对于强影响观察值，主要通过 Cook 距离或 Welsch-Kuh 距离（也称为 DFFIT）来诊断。

在 SPSS 的回归分析对话框中选择"保存"（Save），在弹出的对话框中可以选择输出这些诊断统计量，如图 1—10 所示。在图 1—10 的"残差"选项中勾选"学生化已删除"可以输出删除学生化残差；在"距离"选项中勾选"杠杆值"可以输出杠杆值；在"距离"选项中勾选"Cook 距离"可以输出 Cook 距离，在"影响统计量"选项中勾选"DfFit"可以输出 Welsch-Kuh 距离。至于这些统计量的具体内涵，读者可以参考回归分析的教材。

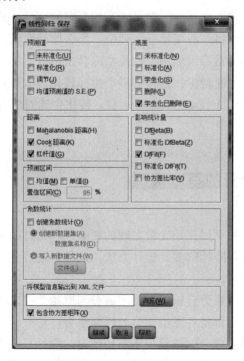

图 1—10 保存对话框

C 第二章
Chapter 2 主成分分析

在实际分析中，我们得到的资料可能有相当多的变量，并且变量间存在较强的相关性。如果原封不动地将这些变量一一列举，那么原始变量的维数过高，不便于问题的分析。为此，我们常常希望能用少数几个综合指标概括出多个原始变量的信息，并且希望损失的信息尽可能地少。这种将多个指标转化为少数几个综合指标的方法称为主成分分析（principal component analysis），转化生成的综合指标称为主成分（principal component）。

第一节 主成分分析的基本模型

主成分分析是一种利用原始变量之间的相关性，通过原来变量的少数几个线性组合解释原始变量来实现降维的多元统计方法。此外，通过主成分分析，还可以识别原始变量之间的关联模式。

一般来说，利用主成分分析得到的主成分与原始变量之间有以下基本关系：

（1）每一个主成分都是各原始变量的线性组合；

（2）最终提取的主成分的数目少于原始变量的数目；

（3）最终提取的主成分保留了原始变量中蕴涵的绝大多数信息；

（4）第一个主成分应当保留最多的信息，第二个主成分保留的信息次之，依此类推；

（5）各个主成分之间互不相关。

假设研究对象是 n 个样品，p 个变量的数据（$n > p$）。我们可以将原始资料整理为以下矩阵：

$$X = \begin{bmatrix} x_{11} & x_{12} & \cdots & x_{1p} \\ x_{21} & x_{22} & \cdots & x_{2p} \\ \vdots & \vdots & & \vdots \\ x_{n1} & x_{n2} & \cdots & x_{np} \end{bmatrix} = (X_1, X_2, \cdots, X_p) \tag{2.1}$$

对 X 进行线性变换，可以形成新的综合变量，即

$$\begin{cases} y_{i1} = u_{11}x_{i1} + u_{12}x_{i2} + \cdots + u_{1p}x_{ip} \\ y_{i2} = u_{21}x_{i1} + u_{22}x_{i2} + \cdots + u_{2p}x_{ip} \\ \vdots \\ y_{ip} = u_{p1}x_{i1} + u_{p2}x_{i2} + \cdots + u_{pp}x_{ip} \end{cases}, \quad i = 1, 2, \cdots, n \tag{2.2}$$

用矩阵表示，即为：

$$Y = XU \tag{2.3}$$

式中

$$Y = \begin{bmatrix} y_{11} & y_{12} & \cdots & y_{1p} \\ y_{21} & y_{22} & \cdots & y_{2p} \\ \vdots & \vdots & & \vdots \\ y_{n1} & y_{n2} & \cdots & y_{np} \end{bmatrix} = (Y_1, Y_2, \cdots, Y_p)$$

$$U = \begin{bmatrix} u_{11} & u_{12} & \cdots & u_{1p} \\ u_{21} & u_{22} & \cdots & u_{2p} \\ \vdots & \vdots & & \vdots \\ u_{p1} & u_{p2} & \cdots & u_{pp} \end{bmatrix} = (u_1, u_2, \cdots, u_p)$$

第 k 个综合变量为：

$$Y_k = Xu_k \tag{2.4}$$

式中，u_k 为线性变换的系数。

如果不加约束，则线性变换有无数种。根据前述主成分分析的要求，对线性变换施加如下约束：

(1) Y_i 与 Y_j 不相关（$i \neq j$；$i, j = 1, 2, \cdots, p$）；

(2) Y_1 为 $X_1, X_2, \cdots, X_p$ 的一切线性组合中方差最大者，Y_2 是与 Y_1 不相关的 $X_1, X_2, \cdots, X_p$ 的所有线性组合中方差最大者……Y_p 是与 $Y_1, Y_2, \cdots, Y_{p-1}$ 都不相关的 $X_1, X_2, \cdots, X_p$ 的所有线性组合中方差最大者；

(3) $\sum_{i=1}^{p} u_{ik}^2 = 1$，即 $u_k' u_k = 1$。

由此得到的综合变量 $Y_1, Y_2, \cdots, Y_p$ 分别为原始变量的第一、第二……第 p 个主成分。

其中，第一个约束是为了避免降维后的各个主成分存在信息冗余；第二个约束是

为了便于做出降维的选择，在实际分析中，通常保留前几个方差最大的主成分即可；第三个约束是为了保证主成分方差有界，从而主成分分析有解。

第二节　主成分求解及其性质

一、主成分的求解步骤

由上面的讨论可知，求解主成分就是求满足以上原则的原始变量 X_1，X_2，…，X_p 的线性组合，而主成分分析的基本思想是在保留原始变量尽可能多的信息的前提下达到降维的目的。所谓保留尽可能多的信息，就是让变换后所选择的少数几个主成分的方差之和尽可能地接近原始变量方差的总和。

（一）求解矩阵的选择与变量的标准化

在求解主成分时，我们通常从分析原始变量 X_1，X_2，…，X_p 的协方差矩阵和相关矩阵着手，基于协方差矩阵和相关矩阵求出的主成分往往存在较大的差异，但是在数据进行标准化之后，二者是一致的。不过，无论基于哪一种矩阵求解，均不涉及总体分布的问题，也就是说，与很多多元统计方法不同，主成分分析并不要求数据来自正态总体。

由于在研究中选择以协方差矩阵为基础计算和以相关矩阵为基础计算会得到不同的结果，当各个变量取值范围相差不大或者度量单位相同时，一般选择直接从协方差矩阵求解。当各个变量有各自不同的度量单位或是取值范围彼此相差非常大时，对这些不同量纲的变量直接做线性组合是不合适的。为消除不同量纲所带来的影响，在做主成分分析之前应该先对数据进行标准化处理，也就是从相关矩阵的角度来求解，变量标准化的公式为：

$$x_j^* = \frac{x_{ij} - \bar{x}_j}{\sqrt{Var(x_j)}}, \ i=1,2,\cdots,n; j=1,2,\cdots p \tag{2.5}$$

式中，$\bar{x}_j$ 和 $\sqrt{Var(x_j)}$ 分别是第 j 个变量的均值和标准差，在标准化之后每个变量的均值为 0，标准差为 1。

（二）总体协方差与样本协方差

实际研究中，X_1，X_2，…，X_p 的协方差矩阵 $\boldsymbol{\Sigma}$ 和相关矩阵 $\boldsymbol{R}$ 通常是未知的，需要通过样本数据估计。对于式（2.1）中的原始资料矩阵，当 $\boldsymbol{X}$ 为总体资料矩阵时

$$\sigma_{ij} = \frac{1}{n} \sum_{k=1}^{n} (x_{ki} - \bar{x}_i)(x_{kj} - \bar{x}_j)' \tag{2.6}$$

式中, $\bar{x}_i = \dfrac{1}{n}\sum_{k=1}^{n}x_{ki}$, $\bar{x}_j = \dfrac{1}{n}\sum_{k=1}^{n}x_{kj}$ $(i,\ j=1,\ 2,\ \cdots,\ p)$。

当 $\boldsymbol{X}$ 为样本资料阵时

$$S_{ij} = \frac{1}{n-1}\sum_{k=1}^{n}(x_{ki}-\bar{x}_i)(x_{kj}-\bar{x}_j)' \tag{2.7}$$

式中, $\bar{x}_i = \dfrac{1}{n}\sum_{k=1}^{n}x_{ki}$, $\bar{x}_j = \dfrac{1}{n}\sum_{k=1}^{n}x_{kj}$ $(i,\ j=1,\ 2,\ \cdots,\ p)$。

$\boldsymbol{S}$ 为样本协方差矩阵, 作为总体协方差矩阵 $\boldsymbol{\Sigma}$ 的估计。下面的讨论仅针对原始数据为总体资料矩阵的情况, 即针对协方差矩阵 $\boldsymbol{\Sigma}$, 对于样本资料矩阵, 只需要用样本协方差矩阵 $\boldsymbol{S}$ 代替 $\boldsymbol{\Sigma}$ 就可以了。

(三) 主成分求解方法

根据主成分分析的约束, 可知第一主成分实际上是如下优化问题的解:

$$\max Var(\boldsymbol{Y}_1)=Var(\boldsymbol{X}\boldsymbol{u}_1)=\boldsymbol{u}_1'\boldsymbol{\Sigma}\boldsymbol{u}_1$$
$$\text{s. t. } \boldsymbol{u}_1'\boldsymbol{u}_1=1 \tag{2.8}$$

根据拉格朗日极值法, 有

$$L=\boldsymbol{u}_1'\boldsymbol{\Sigma}\boldsymbol{u}_1-\lambda(\boldsymbol{u}_1'\boldsymbol{u}_1-1) \tag{2.9}$$

式中, λ 为拉格朗日乘子。

根据求解极值的一阶条件, 有

$$\frac{\partial L}{\partial \boldsymbol{u}_1}=2\boldsymbol{\Sigma}\boldsymbol{u}_1-2\lambda\boldsymbol{u}_1=\boldsymbol{0} \tag{2.10}$$

从而有

$$\boldsymbol{\Sigma}\boldsymbol{u}_1=\lambda\boldsymbol{u}_1 \text{ 或} (\boldsymbol{\Sigma}-\lambda\boldsymbol{I})\boldsymbol{u}_1=\boldsymbol{0}$$

显然, λ 为 $\boldsymbol{\Sigma}$ 的特征值, $\boldsymbol{u}_1$ 为其对应的特征向量。

如果 $\boldsymbol{\Sigma}$ 满秩, 则它有 p 个正的特征值以及相应的特征向量, 记最大的特征值为 λ_1, 与其相应的特征向量为 $\boldsymbol{u}_1$, 则第一主成分即为 $\boldsymbol{Y}_1=\boldsymbol{X}\boldsymbol{u}_1$。

同理, 根据上述约束, 可知第二主成分实际上是以下优化问题的解:

$$\max Var(\boldsymbol{Y}_2)=Var(\boldsymbol{X}\boldsymbol{u}_2)=\boldsymbol{u}_2'\boldsymbol{\Sigma}\boldsymbol{u}_2$$
$$\text{s. t. } \boldsymbol{u}_2'\boldsymbol{u}_2=1$$
$$\boldsymbol{u}_2'\boldsymbol{u}_1=0 \tag{2.11}$$

根据拉格朗日极值法, 有

$$L=\boldsymbol{u}_2'\boldsymbol{\Sigma}\boldsymbol{u}_2-\lambda(\boldsymbol{u}_2'\boldsymbol{u}_2-1)-\mu\boldsymbol{u}_2'\boldsymbol{u}_1 \tag{2.12}$$

式中, λ 和 μ 为拉格朗日乘子。

根据求解极值的一阶条件，有

$$\frac{\partial L}{\partial \boldsymbol{u}_2}=2\boldsymbol{\Sigma}\,\boldsymbol{u}_2-2\lambda\boldsymbol{u}_2-\mu\,\boldsymbol{u}_1=\boldsymbol{0} \tag{2.13}$$

式（2.13）等号两边左乘 $\boldsymbol{u}_1'$，并根据两个约束条件得 $2\boldsymbol{u}_1'\boldsymbol{\Sigma}\,\boldsymbol{u}_2-\mu=0$。

由于 $(\boldsymbol{\Sigma}-\lambda\mathbf{I})\boldsymbol{u}_1=\boldsymbol{0}$，左乘 $\boldsymbol{u}_2'$，有 $\boldsymbol{u}_2'\boldsymbol{\Sigma}\,\boldsymbol{u}_1=0$，即 $\boldsymbol{u}_1'\boldsymbol{\Sigma}\,\boldsymbol{u}_2=0$，从而有 $\mu=0$。因此，$2\boldsymbol{\Sigma}\,\boldsymbol{u}_2-2\lambda\boldsymbol{u}_2=\boldsymbol{0}$，即 $(\boldsymbol{\Sigma}-\lambda\mathbf{I})\boldsymbol{u}_2=\boldsymbol{0}$。

记 $\boldsymbol{\Sigma}$ 的第二大特征值为 λ_2，与其相应的特征向量为 $\boldsymbol{u}_2$，则第二主成分即为 $\boldsymbol{Y}_2=\boldsymbol{X}\boldsymbol{u}_2$。

依此类推，可以求出其他主成分。

总结一下，假设 $\boldsymbol{\Sigma}$ 有非零特征值 λ_1，λ_2，$\cdots$，λ_p（$\lambda_1\geqslant\lambda_2\geqslant\cdots\geqslant\lambda_p>0$），各个特征值分别对应特征向量 $\boldsymbol{u}_1$，$\boldsymbol{u}_2$，$\cdots$，$\boldsymbol{u}_p$，以 $\boldsymbol{u}_1$，$\boldsymbol{u}_2$，$\cdots$，$\boldsymbol{u}_p$ 为系数向量，可以得到 $\boldsymbol{Y}_1=\boldsymbol{X}\boldsymbol{u}_1$，$\boldsymbol{Y}_2=\boldsymbol{X}\boldsymbol{u}_2$，$\cdots$，$\boldsymbol{Y}_p=\boldsymbol{X}\boldsymbol{u}_p$，分别为所求的第一主成分、第二主成分……第 p 主成分。

二、主成分的性质

性质 1　$\boldsymbol{Y}$ 的协方差矩阵为对角阵 $\boldsymbol{\Lambda}=\mathrm{diag}(\lambda_1,\lambda_2,\cdots,\lambda_p)$。

性质 1 意味着 p 个主成分之间互不相关，且方差依次为非零特征值 λ_1，λ_2，$\cdots$，λ_p，并满足 $\lambda_1\geqslant\lambda_2\geqslant\cdots\geqslant\lambda_p>0$，也就是说 $\boldsymbol{Y}$ 的 p 个分量按方差由大到小排列。

性质 2　$\displaystyle\sum_{i=1}^{p}\lambda_i=\sum_{i=1}^{p}\sigma_{ii}$

性质 2 意味着各主成分的方差之和与原始变量的方差之和相等。可见，如果保留所有的主成分，则信息毫无损失。

性质 3　$\rho(\boldsymbol{Y}_k,\boldsymbol{X}_i)=\dfrac{u_{ki}\sqrt{\lambda_k}}{\sqrt{\sigma_{ii}}}$（$i$，$k=1,2,\cdots,p$）

将第 k 个主成分 $\boldsymbol{Y}_k$ 与原始变量 $\boldsymbol{X}_i$ 的相关系数 $\rho(\boldsymbol{Y}_k,\boldsymbol{X}_i)$ 称为载荷（loading）。根据载荷的数值可以解释主成分的意义。从性质 3 可知载荷 $\rho(\boldsymbol{Y}_k,\boldsymbol{X}_i)$ 与系数向量中的 u_{ki} 成正比，与 $\boldsymbol{X}_i$ 的标准差成反比关系。如果对 $\boldsymbol{X}$ 进行标准化，即 $\sigma_{ii}=1$，则对于 $\boldsymbol{X}_i$，载荷的表达式为 $\rho(\boldsymbol{Y}_k,\boldsymbol{X}_i)=u_{ki}\sqrt{\lambda_k}$。由于对于不同 $\boldsymbol{X}_i$，$\sqrt{\lambda_k}$ 是固定的，所以此时负荷的大小仅仅依赖于转换向量系数中的 u_{ki}。

三、主成分的选取

定义 $\alpha_k=\dfrac{\lambda_k}{\displaystyle\sum_{i=1}^{p}\lambda_i}$（$i=1,2,\cdots,p$）为第 k 个主成分 $\boldsymbol{Y}_k$ 的方差贡献率，则

$$\sum_{i=1}^{m} \alpha_i = \frac{\sum_{i=1}^{m} \lambda_i}{\sum_{i=1}^{p} \lambda_i}, \ m < p \tag{2.14}$$

为前 m 个主成分 Y_1，Y_2，…，Y_m 的累积贡献率。主成分分析的目的之一在于减少变量的个数，所以通常我们会选取 m（$m<p$）个主成分。一般根据累积方差贡献率来确定 m 的数值，累积方差贡献率 $\sum_{i=1}^{m} \alpha_i$ 越大，表明通过所选取的少数几个主成分解释随机向量 $\boldsymbol{X}$ 的变异的能力越强。实际应用中通常取 m 使得 $\sum_{i=1}^{m} \alpha_i$ 大于一定的数值，例如 80%。这样既能使损失的信息不多，又可以达到减少变量、简化问题的目的。

另外，主成分还可以根据特征值的变化来选取，通常是通过碎石图（scree plot）来判断。所谓碎石图，是将主成分按照其方差（即 $\boldsymbol{\Sigma}$ 的特征值）从大到小排列，以各个主成分的序号作为横轴，以各个主成分的方差作为纵轴绘制而成的曲线图。观察曲线的"肘部"，即由其开始，曲线下降的趋势开始趋于平稳，保留"肘部"以上的主成分即可。观察图 2—1 所示的碎石图可以看出，从第 3 个主成分开始特征值变化的趋势趋于平稳，所以选取前三个主成分是比较合适的。采用这种方法确定的主成分个数与按累积贡献率确定的主成分个数往往是一致的。

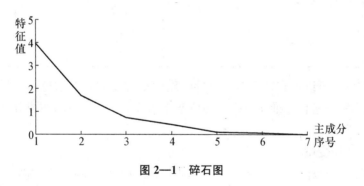

图 2—1 碎石图

实际应用中也常常仅保留特征值大于 1 的那些主成分，但这种方法还缺乏完善的理论支持。

第三节 主成分分析的实例分析

在 SPSS 中没有专门的主成分分析菜单，需要利用因子分析菜单完成主成分分析。需要注意的是，因子分析输出的因子载荷矩阵需要进行变换才能得到主成分分析的转换系数，方法是用因子载荷除以相应主成分的标准差。这里仍然以第一章中 R&D 的投入变量为例进行主成分分析。

一、分析步骤

（一）变量描述

在本例中，R&D 的投入变量共 9 个，涉及多个方面，包括项目投入、人员投入以及经费投入，其中有投入总量，也有投入结构。数据的基本情况如表 2—1 所示。

表 2—1   **R&D 投入变量的描述统计量**

	单位	极小值	极大值	均值	标准差
RD 项目数	人	420	83 911	25 010.13	21 267.756
RD 人员全时当量	人年	1 332	283 650	73 910.39	74 457.043
人员全时当量中基础研究人员比重	%	2.84	18.25	9.525 3	4.269 26
RD 人员	人	1 916	383 524	102 698.48	99 202.800
RD 人员中博硕士比重	%	11.99	36.93	19.651 1	6.119 68
RD 经费支出	万元	14 385	7 019 529	1 871 627.35	2 047 121.690
RD 经费支出中人员劳务费比重	%	16.12	37.35	23.568 7	5.191 72
RD 经费支出中仪器和设备费比重	%	9.19	18.22	14.145 7	2.591 63
RD 经费支出中企业资金比重	%	32.91	89.07	68.122 4	16.235 41

由表 2—1 可以看到，这 9 个变量的度量单位不同，取值范围差异很大，因此在分析时应当考虑进行标准化变换，即应基于相关系数矩阵进行主成分分析。

（二）选择变量

依路径："分析"（Analyze）→ "降维"（Data Reduction）→ "因子分析"（Factor）进入主对话框；然后将 9 个投入变量都选入"变量"（Variables）框中，如图 2—2 所示。

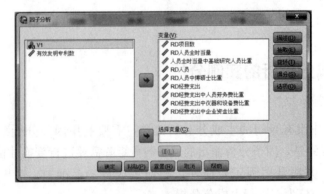

图 2—2   变量选择

在图 2—2 中点击"抽取"（Extraction）按钮，打开如图 2—3 所示的对话框，在"方法"（Method）框中选择"主成分"（Principal components）；在"分析"（Analyze）框中选择"相关性矩阵"（Correlation matrix），表示从相关矩阵出发进行计算；在"输出"（Display）框中勾选"碎石图"（Scree plot）；在"抽取"（Extract）框中选择"因子的固定数量"（Number of factors），在"要提取的因子"（Factors to extract）框中输入 9，然后点击"继续"（Continue）。

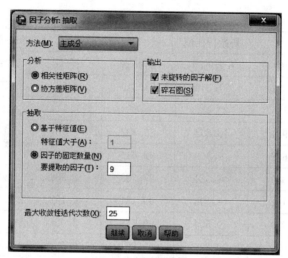

图 2—3　主成分方法

在图 2—2 中点击"旋转"（Rotation）按钮打开如图 2—4 所示的对话框，勾选"载荷图"（Loading plot(s)）表示输出主成分的载荷图，其他选项都选择默认值。然后回到图 2—2 所示的对话框，点击"确定"（OK），就完成了主成分分析。

图 2—4　选择载荷图

二、分析结果的解释

表 2—2 是特征值和方差贡献度表，其中的"初始特征值"（Initial Eigenvalues）就是数据相关阵的特征值。可以看到，前三个成分特征值累积超过了总方差的 85%，其余特征值的累积贡献不足 15%。由此可知，提取三个主成分较为适宜。

表 2—2　　　　　　　　　　特征值与方差贡献度

成分	初始特征值			提取平方和载入		
	合计	方差的 %	累积 %	合计	方差的 %	累积 %
1	4.621	51.349	51.349	4.621	51.349	51.349
2	2.114	23.485	74.834	2.114	23.485	74.834
3	0.981	10.898	85.732	0.981	10.898	85.732
4	0.658	7.309	93.041	0.658	7.309	93.041
5	0.389	4.324	97.365	0.389	4.324	97.365
6	0.162	1.796	99.161	0.162	1.796	99.161
7	0.054	0.604	99.765	0.054	0.604	99.765
8	0.020	0.226	99.991	0.020	0.226	99.991
9	0.001	0.009	100.000	0.001	0.009	100.000

从特征值的碎石图（见图 2—5）可以看出，碎石图的"肘部"位于第三个主成分的位置，也表明抽取前三个主成分是合理的。

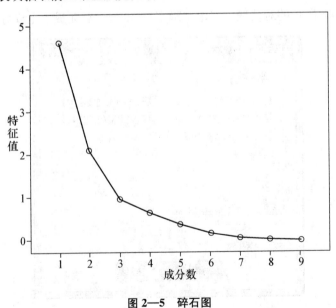

图 2—5　碎石图

如上所述，根据主成分分析的载荷可以解释主成分的含义。本例中，因子分析输出的成分矩阵如表 2—3 所示。

表 2—3　　　　　　　　　　　　　　　　　因子载荷

	成分								
	1	2	3	4	5	6	7	8	9
RD 项目数	0.919	0.278	−0.065	0.189	0.001	0.019	−0.195	0.022	0.001
RD 人员全时当量	0.988	0.096	0.030	0.061	−0.009	0.049	0.073	0.052	−0.021
人员全时当量中基础研究人员比重	−0.647	0.658	0.060	−0.026	0.234	0.299	−0.002	0.009	0.000
RD 人员	0.988	0.083	0.008	0.055	−0.010	0.054	0.087	0.056	0.020
RD 人员中博硕士比重	−0.152	0.893	−0.121	0.204	0.256	−0.236	0.036	0.003	0.000
RD 经费支出	0.954	0.204	−0.019	0.163	−0.012	0.076	0.041	−0.117	0.000
RD 经费支出中人员劳务费比重	0.223	0.188	0.939	−0.168	0.032	−0.059	−0.015	−0.006	0.001
RD 经费支出中仪器和设备费比重	−0.516	−0.378	0.273	0.718	−0.014	0.033	0.014	0.010	0.000
RD 经费支出中企业资金比重	0.398	−0.755	−0.018	−0.055	0.517	−0.010	−0.011	−0.006	0.000

　　将每一列的系数分别除以各列主成分的标准差，即可得到主成分载荷，结果如表 2—4 所示。由于进行分析时输入的是相关系数矩阵，数据经过了标准化，因此表 2—4 中的每一列代表一个主成分与原始变量的相关系数。由表 2—4 可以看到，第一个主成分与 R&D 项目数、R&D 人员全时当量、R&D 人员以及 R&D 经费支出相关程度较高，这四个变量都是反映 R&D 投入总量的变量；第二个主成分与 R&D 人员全时当量中基础研究人员比重和 R&D 人员中博硕士比重的相关程度较高，这两个变量反映的是 R&D 投入的质量；第三个主成分与 R&D 经费支出中人员劳务费比重高度相关。综上，不妨将第一个主成分称为投入规模成分，将第二个主成分称为投入质量成分，将第三个主成分称为劳务比重成分。

表 2—4　　　　　　　　　　　　　　　　　主成分载荷

	成分								
	1	2	3	4	5	6	7	8	9
RD 项目数	0.428	0.191	−0.066	0.233	0.002	0.047	−0.839	0.156	0.032
RD 人员全时当量	0.460	0.066	0.030	0.075	−0.014	0.122	0.314	0.368	−0.664
人员全时当量中基础研究人员比重	−0.301	0.453	0.061	−0.032	0.375	0.743	−0.009	0.064	0.000

续前表

	成分								
	1	2	3	4	5	6	7	8	9
RD 人员	0.460	0.057	0.008	0.068	−0.016	0.134	0.374	0.396	0.632
RD 人员中博硕士比重	−0.071	0.614	−0.122	0.251	0.410	−0.586	0.155	0.021	0.000
RD 经费支出	0.444	0.140	−0.019	0.201	−0.019	0.189	0.176	−0.827	0.000
RD 经费支出中人员劳务费比重	0.104	0.129	0.948	−0.207	0.051	−0.147	−0.065	−0.042	0.032
RD 经费支出中仪器和设备费比重	−0.240	−0.260	0.276	0.885	−0.022	0.082	0.060	0.071	0.000
RD 经费支出中企业资金比重	0.185	−0.519	−0.018	−0.068	0.829	−0.025	−0.047	−0.042	0.000

可以利用前三个成分的载荷画出一个三维图，以直观显示它们如何解释原来的变量，这个图叫做载荷图，如图 2—6 所示。由图 2—6 也可以看到前述主成分与原始变量的主要对应关系。需要注意的是，图中的载荷没有经过主成分标准差的修正，因此不是主成分与原始变量的相关系数，不过载荷的相对大小可以体现主成分与各原始变量相关性的相对大小。

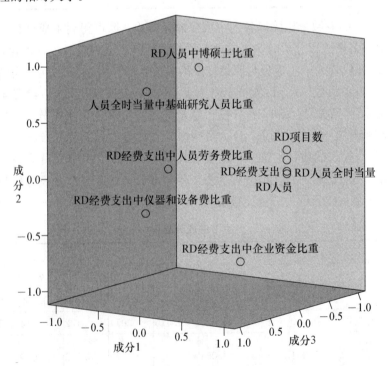

图 2—6 主成分载荷图

在变换系数的基础上，得到各样本点主成分的数值，可用于进一步分析各样本点在不同主成分上的表现。

第四节 主成分分析的注意事项

进行主成分分析的前提是变量之间存在较高程度的相关，即信息冗余，因此可以通过降维将问题简化。如果变量之间相关程度很低，就没有必要使用主成分分析。对多变量间相关性的检验，可使用 Kaiser-Meyer-Olkin（KMO）统计量和 Bartlett 球形度检验。

KMO 统计量基于简单相关系数和偏相关系数计算，公式为：

$$\text{KMO} = \frac{\sum_{i \neq j} r_{ij}^2}{\sum_{i \neq j} r_{ij}^2 + \sum_{i \neq j} u_{ij}^2} \tag{2.15}$$

式中，r_{ij} 和 u_{ij} 分别为变量 X_i 和 X_j 的简单相关系数和偏相关系数。

显然，KMO 统计量的数值介于 0～1 之间。如果 KMO 统计量的数值接近于 0，则意味着偏相关系数远大于简单相关系数，此时变量间的相关性分布较为均匀，没有出现一部分变量形成局部高度相关的情况，因此不适合进行降维分析；反之，如果 KMO 接近于 1，则适合进行降维分析。

凯泽（Kaiser）给出的标准是：KMO≥0.9，表示非常适合降维分析；0.8≤KMO<0.9，表示比较适合；0.7≤KMO<0.8，表示一般；0.6≤KMO<0.7，表示不太适合；KMO<0.5，表示不适合。

Bartlett 球形度检验的原假设是原始变量之间彼此无关。检验统计量为：

$$\chi^2 = -\left[(n-1) - \frac{2p+5}{6}\right] \ln |\boldsymbol{R}| \tag{2.16}$$

式中，p 为原始变量个数；$\boldsymbol{R}$ 为相关系数矩阵。

原假设成立时，该检验统计量服从卡方分布，自由度为 $p(p-1)/2$。在给定的显著性水平下，如果 $\chi^2 > \chi_a^2$，则拒绝原假设，认为有必要进行主成分分析。

在 SPSS 因子分析对话框中，点击"描述"（Descriptives）按钮，在弹出的描述统计对话框中选择"KMO 和 Bartlett 的球形度检验"，可输出 KMO 统计量和 Bartlett 的球形度检验的结果，如图 2—7 所示。

此外，主成分分析是一种探索性数据分析，不涉及区间估计和假设检验，因此对数据的分布没有什么要求。不过，如果样本是从正态总体或对称分布的总体中抽取的，那么主成分分析的结果比较容易解释，因此在主成分分析中常常也要诊断并剔除异常值。

图 2—7 球形度检验

C 第三章
因子分析

与主成分分析一样，因子分析（factor analysis）也是一种对高维数据进行降维的方法。但是，因子分析与主成分分析有明显不同。主成分分析是将主成分表示为原始变量的线性组合，而因子分析则是把原始变量表示为少数几个不可观测的综合因子的线性组合。因子分析的思想始于 1904 年查尔斯·斯皮尔曼（Charles Spearman）对学生考试成绩的研究。近年来，随着计算机技术的高速发展，因子分析方法已经成功应用于心理学、医学、气象、地质、经济学等各个领域。本章主要介绍因子分析的理论、方法及其在 SPSS 中的实现。

第一节　因子分析概述

一、因子分析的基本思想

因子分析的基本思想是根据相关性的大小将变量分组，使得同组内变量间的相关性较强，不同组的变量间的相关性较弱。每组变量代表一个基本结构，并用一个不可观测的综合变量表示，这个基本结构称为公共因子。此时，原始变量可以分解成两部分之和的形式：一部分是少数几个不可观测的所谓公共因子的线性函数；另一部分是与公共因子无关的特殊因子。通常因子分析的目的在于从一些有错综复杂关系的问题中找出少数几个主要因子，每个主要因子代表原始变量间相互依赖关系的来源。抓住这些主要因子，可以帮助我们简化复杂问题，从而便于分析和解释。

因子分析还可用于对变量和样本的分类处理，在得出因子表达式之后，就可以把原始变量的数据代入表达式得到因子得分值，根据因子得分值，在各因子所构成的空间中把变量和样本点画出来，从而得到直观的分类结果。通常将研究变量间相关关系的因子分析称为 R 型因子分析，而将研究样品间相关关系的因子分析称为 Q 型因子分析。

本章主要介绍 R 型因子分析。至于 Q 型因子分析，只需把 R 型因子分析中变量和样品的地位调换，并将 R 型因子分析中使用的变量间相关系数矩阵替换为样品间相似系数矩阵即可，其余的分析方法和步骤都是一样的。记第 i（$i=1$，2，$\cdots$，n）个样品为 $\boldsymbol{X}^{(i)}=(x_{i1}$，$x_{i1}$，$\cdots$，$x_{ip})'$，则第 i 个样品和第 j 个样品间的相似系数定义为两个样品间夹角的余弦，即

$$q_{ij} = \frac{\sum\limits_{t=1}^{p} x_{it} x_{jt}}{\sqrt{\sum\limits_{t=1}^{p} x_{it}^2} \sqrt{\sum\limits_{t=1}^{p} x_{jt}^2}} \tag{3.1}$$

二、因子分析的基本模型

设有 n 个样品，每个样品有 p 个观测变量，并且这 p 个变量有较强的相关性。为了便于变量比较，并消除由于观测量纲的差异和数量级不同造成的影响，常常对样本观测数据进行标准化处理，标准化处理的方法前面已有介绍，这里不再赘述。下面假定数据已经经过标准化处理，记标准化的原始变量为 $\boldsymbol{X}=(X_1$，X_2，$\cdots$，$X_p)'$，用 F_1，F_2，$\cdots$，F_m（$m<p$）表示标准化后的公共因子。

称模型

$$\begin{cases} X_1 = a_{11}F_1 + a_{12}F_2 + \cdots + a_{1m}F_m + \varepsilon_1 \\ X_2 = a_{21}F_1 + a_{22}F_2 + \cdots + a_{2m}F_m + \varepsilon_2 \\ \vdots \\ X_p = a_{p1}F_1 + a_{p2}F_2 + \cdots + a_{pm}F_m + \varepsilon_p \end{cases} \tag{3.2}$$

为因子模型。其中：

（1）$\boldsymbol{X}$ 是可观测的随机向量，且均值向量 $E(\boldsymbol{X})=\boldsymbol{0}$，协方差矩阵 $Cov(\boldsymbol{X})=\boldsymbol{\Sigma}$，与相关矩阵 $\boldsymbol{R}$ 相等；

（2）$\boldsymbol{F}=(F_1$，F_2，$\cdots$，$F_m)'$（$m<p$）是不可观测的向量，其均值向量 $E(\boldsymbol{F})=\boldsymbol{0}$，协方差矩阵 $Cov(\boldsymbol{F})$ 为单位阵 $\boldsymbol{I}$，即向量 $\boldsymbol{F}$ 的各分量是相互独立的；

（3）$\boldsymbol{\varepsilon}=(\varepsilon_1$，$\varepsilon_2$，$\cdots$，$\varepsilon_m)'$ 与 $\boldsymbol{F}$ 相互独立，且 $E(\boldsymbol{\varepsilon})=\boldsymbol{0}$，$\boldsymbol{\varepsilon}$ 的协方差矩阵为：

$$Cov(\boldsymbol{\varepsilon}) = \begin{bmatrix} \sigma_{11}^2 & & & 0 \\ & \sigma_{22}^2 & & \\ & & \ddots & \\ 0 & & & \sigma_{pp}^2 \end{bmatrix}$$

即 ε 的各分量之间也是相互独立的。

$$记 A = \begin{bmatrix} a_{11} & a_{12} & \cdots & a_{1m} \\ a_{21} & a_{22} & \cdots & a_{2m} \\ \vdots & \vdots & & \vdots \\ a_{m1} & a_{m2} & \cdots & a_{mp} \end{bmatrix}，则因子模型的矩阵形式可以表示为：$$

$$X = AF + \varepsilon \tag{3.3}$$

模型（3.2）中的 F_1，F_2，$\cdots$，F_m 称为公共因子，它们相互独立且不可观测，是对各个原始观测变量都起作用的因子，其含义必须结合具体问题的实际意义确定。ε_1，ε_2，$\cdots$，ε_m 称为特殊因子，是各个向量分量 X_i（$i=1$，2，$\cdots$，p）特有的因子，它们分别只对某一个原始观测变量起作用。各个公共因子之间、特殊因子之间、特殊因子和所有公共因子之间都是相互独立的。矩阵 A 的各个元素 a_{ij} 称为因子载荷，矩阵 A 称为因子载荷矩阵。a_{ij} 的绝对值越大，表明 X_i 和 F_j 的相依程度越高，或称公共因子 F_j 对于 X_i 的载荷量越大。

三、因子模型中指标的统计意义

为了便于对因子分析的计算结果做出解释，有必要对因子分析模型中各个量的统计意义加以说明。

（一）因子载荷 a_{ij}
由模型（3.3）可得

$$Cov(X_i, F_j) = Cov\left(\sum_{i=1}^{m} a_{ij} F_j + \varepsilon_i, F_j \right) = a_{ij} \tag{3.4}$$

即 a_{ij} 是 X_i 和 F_j 的协方差。由于变量经过标准化处理，X_i 和 F_j 的标准差都是 1，因此 a_{ij} 同时也是 X_i 和 F_j 的相关系数，表示 X_i 与 F_j 的关系强度，或者说是 F_j 对于解释 X_i 的重要性。如果用统计学术语，a_{ij} 应该叫做权，不过由于历史原因，心理学家称其为载荷。

（二）变量共同度
变量 X_i 的共同度定义为因子载荷阵 A 中第 i 行元素的平方和，即

$$h_i^2 = \sum_{j=1}^{m} a_{ij}^2, \ i = 1, 2, \cdots, p \tag{3.5}$$

由于

$$Var(X_i) = Var\left(\sum_{j=1}^{m} a_{ij} F_j + \varepsilon_i \right) = \sum_{j=1}^{m} a_{ij}^2 + \sigma_{ii}^2 = h_i^2 + \sigma_{ii}^2 = 1$$

可以看出，变量 X_i 的方差由两部分组成：第一部分为共同度 h_i^2，它刻画了全部公共因子对变量 X_i 的总方差所作的贡献，h_i^2 接近 1，说明该变量的几乎全部原始信息都可由所选取的公共因子说明，如 $h_i^2 = 0.95$ 说明 X_i 95% 的信息被 m 个公共因子说明了，也就是说，由原始变量空间转为因子空间转化的性质越好，保留的信息量越多；第二部分 σ_{ii}^2 是特殊因子方差，与变量 X_i 本身的变化有关，是不能够由公共因子解释的部分。

（三）公共因子 F_j 的方差贡献

共同度考虑的是某一个原始变量 X_i 与所有公共因子 F_1，F_2，…，F_m 的关系，反过来，可以考虑某一公共因子 F_j 与所有原始变量 X_1，X_2，…，X_p 的关系。

记 $g_j^2 = \sum_{i=1}^{p} a_{ij}^2 (j=1,2,\cdots,m)$，则 g_j^2 表示的是公共因子 F_j 对于 $\boldsymbol{X}$ 的每一个分量 $X_i (i=1, 2, \cdots, p)$ 所提供的方差的总和，称为公共因子 F_j 对原始变量 $\boldsymbol{X}$ 的方差贡献，它是衡量公共因子相对重要性的指标。g_j^2 越大，表明公共因子 F_j 对 $\boldsymbol{X}$ 的贡献越大，或者说对 $\boldsymbol{X}$ 的影响和作用越大。若将因子载荷矩阵 $\boldsymbol{A}$ 中的所有 $g_j^2 (j=1, 2, \cdots, m)$ 都计算出来并按其大小排序，就可以依此提取出最有影响的公共因子。

第二节　因子分析的步骤

因子分析的一般步骤可以分为确定因子载荷阵 $\boldsymbol{A}$、进行因子旋转和计算因子得分三个步骤。

一、因子载荷的求解

有许多方法可以完成因子载荷的求解，如主成分法、主轴因子法、最小二乘法、极大似然法、α 因子提取法，等等。这些方法求解因子载荷的出发点不同，所得的结果也不完全相同。这里只介绍应用较为普遍的主成分法。采用主成分法确定因子载荷在进行因子分析前先对数据进行一次主成分分析，相对其他方法比较简单。

假定从相关矩阵出发求解主成分，设有 p 个变量，则可以得到 p 个主成分。将这 p 个主成分按从大到小的顺序排列为 Y_1，Y_2，…，Y_p，则主成分与原始变量之间存在以下关系：

$$\begin{cases} Y_1 = \gamma_{11}X_1 + \gamma_{12}X_2 + \cdots + \gamma_{1p}X_p \\ Y_2 = \gamma_{21}X_1 + \gamma_{22}X_2 + \cdots + \gamma_{2p}X_p \\ \vdots \\ Y_p = \gamma_{p1}X_1 + \gamma_{p2}X_2 + \cdots + \gamma_{pp}X_p \end{cases} \tag{3.6}$$

根据主成分分析的求解过程可知，式（3.6）中，$\boldsymbol{\gamma}_i = (\gamma_{i1}, \gamma_{i2}, \cdots, \gamma_{ip})'$ 为随机向量 $\boldsymbol{X}$ 的相关矩阵的特征值所对应的特征向量。由于特征向量间彼此正交，$\boldsymbol{X}$ 到 $\boldsymbol{Y}$ 之间的转换关系是可逆的，由此可以解出由 $\boldsymbol{Y}$ 到 $\boldsymbol{X}$ 的转换关系为：

$$\begin{cases} X_1 = \gamma_{11}Y_1 + \gamma_{21}Y_2 + \cdots + \gamma_{p1}Y_p \\ X_2 = \gamma_{12}Y_1 + \gamma_{22}Y_2 + \cdots + \gamma_{p2}Y_p \\ \vdots \\ X_p = \gamma_{1p}Y_1 + \gamma_{2p}Y_2 + \cdots + \gamma_{pp}Y_p \end{cases} \quad (3.7)$$

对式（3.7）只保留前 m 个主成分，把其余部分用 ε_i 代替，则式（3.7）变为：

$$\begin{cases} X_1 = \gamma_{11}Y_1 + \gamma_{21}Y_2 + \cdots + \gamma_{m1}Y_m + \varepsilon_1 \\ X_2 = \gamma_{12}Y_1 + \gamma_{22}Y_2 + \cdots + \gamma_{m2}Y_m + \varepsilon_2 \\ \vdots \\ X_p = \gamma_{1p}Y_1 + \gamma_{2p}Y_2 + \cdots + \gamma_{mp}Y_m + \varepsilon_p \end{cases} \quad (3.8)$$

这就是因子模型的形式。式（3.8）中 $Y_i (i=1, 2, \cdots, m)$ 之间相互独立，符合因子分析中对公共因子的假定。但是在主成分分析中，对主成分的方差没有约束，而因子分析要求公共因子的方差为 1。要将 Y_i 转化为符合要求的公共因子，现在只需要把主成分 Y_i 变成方差为 1 的变量，即将 Y_i 除以其标准差即可。由主成分分析可知，Y_i 的标准差就是相应特征值的平方根 $\sqrt{\lambda_i}$。令 $F_j = Y_j/\sqrt{\lambda_j}$，$a_{ij} = \sqrt{\lambda_j}\gamma_{ji} (i=1, 2, \cdots, p; j=1, 2, \cdots, m)$，式（3.8）变为：

$$\begin{cases} X_1 = a_{11}F_1 + a_{12}F_2 + \cdots + a_{1m}F_m + \varepsilon_1 \\ X_2 = a_{21}F_1 + a_{22}F_2 + \cdots + a_{2m}F_m + \varepsilon_2 \\ \vdots \\ X_p = a_{p1}F_1 + a_{p2}F_2 + \cdots + a_{pm}F_m + \varepsilon_p \end{cases} \quad (3.9)$$

这样就得到了因子载荷阵 $\boldsymbol{A}$ 和一组初始的公共因子。需要指出的是，这样得到的 $\varepsilon_1, \varepsilon_2, \cdots, \varepsilon_p$ 之间并不独立，因此它并不完全符合因子模型的前提假设，也就是说，所得的因子载荷矩阵并不完全正确。不过，当共同度较大时，特殊因子所起的作用较小，因而特殊因子间的相关性所带来的影响几乎可以忽略。

上面的求解过程可以总结如下：设 $\lambda_1, \lambda_2, \cdots, \lambda_p (\lambda_1 \geqslant \lambda_2 \geqslant \cdots \geqslant \lambda_p > 0)$ 为样本相关矩阵 $\boldsymbol{R}$ 的特征值，$\boldsymbol{\gamma}_1, \boldsymbol{\gamma}_2, \cdots, \boldsymbol{\gamma}_p$ 为各特征值对应的标准正交化特征向量。设 $m < p$，则因子载荷矩阵 $\boldsymbol{A}$ 的一个解为：

$$\hat{\boldsymbol{A}} = (\sqrt{\lambda_1}\boldsymbol{\gamma}_1, \sqrt{\lambda_2}\boldsymbol{\gamma}_2, \cdots, \sqrt{\lambda_m}\boldsymbol{\gamma}_m) \quad (3.10)$$

共同度的估计为：

$$\hat{h}_i^2 = \sum_{j=1}^{m} \hat{a}_{ij}^2 \quad (3.11)$$

公共因子数目 m 通常由研究者本人根据所研究的问题自行决定。当用主成分法进行因子分析时，可以借鉴主成分个数的确定准则，即选取方差之和达到总方差的一定比例的主成分。不同的研究者对相同的问题可能会给出不同的公共因子数，但都要使所选取的公共因子能够合理地描述原始变量相关矩阵的结构，同时要有利于因子模型的解释。

二、因子旋转

估计出因子载荷之后，往往需要对公共因子的实际含义加以解释。如果因子载荷（即各个公共因子与原始变量之间的相关系数）的绝对值向 0 和 1 这两极靠拢，则公共因子的含义比较清晰。但是因子载荷的初始估计未必如此，往往需要进行旋转变换，才能符合目标。

事实上，因子载荷阵具有不确定性（rotational indeterminacy），即因子载荷阵经过某种旋转变换后，仍然是符合因子分析假定的因子载荷阵。因此，可以对估计的因子载荷阵进行旋转变换，旋转的目标是使得旋转后的因子载荷向 0 或 ±1 靠拢，即每个原始变量只与一个或少数几个公共因子高度相关，同时每个公共因子只与一个或少数几个原始变量高度相关，而且不同的公共因子应当有不同的载荷模式。这样，原始变量可分为不同的组，每组变量与某个公共因子高度相关，从而便于分析公共因子的实际含义。

因子载荷阵的旋转也即对初始公共因子进行线性变换。经过旋转后，公共因子对 X_i 的贡献 h_i^2 并不改变，但由于载荷矩阵发生了变化，公共因子本身可能发生很大的变化，每个公共因子对原始变量的贡献 g_j^2 不再与原来相同。

具体的旋转方法包括两大类，即正交旋转（orthogonal rotation）和斜交旋转（nonorthogonal/oblique rotation），正交旋转与斜交旋转的区别在于正交旋转后的因子是不相关的，而斜交旋转后的因子则是相关的。下面仅介绍正交旋转中最常用的方差最大化旋转（Varimax）。

方差最大化旋转的目的是从列的方向看，使因子载荷的平方向 1 或 0 靠拢，显然，此时因子载荷平方的方差极大化。根据方差的定义，因子载荷阵第 k 列载荷平方的方差为：

$$V_k = \frac{1}{p}\sum_{i=1}^{p}(a_{ik}^2)^2 - \frac{1}{p^2}\left(\sum_{i=1}^{p}a_{ik}^2\right)^2 \tag{3.12}$$

因子载荷阵的方差即为各列方差 V_k 之和，即

$$V = \frac{1}{p}\sum_{k=1}^{m}\sum_{i=1}^{p}a_{ik}^4 - \frac{1}{p^2}\sum_{k=1}^{m}\left(\sum_{i=1}^{p}a_{ik}^2\right)^2 \tag{3.13}$$

方差最大化旋转即在初始的因子载荷阵的基础上进行正交变换，使得变换后的因子载荷阵的方差即式（3.13）达到最大。

为了消除各变量对公共因子依赖程度不同的影响，常常基于规范化平方载荷定义因子载荷阵的方差。所谓规范化平方载荷，是指用平方载荷除以相应变量的共同度，即

$$d_{ik}^2 = \frac{a_{ik}^2}{h_i^2} \tag{3.14}$$

三、因子得分

当因子载荷阵被估计出来以后，人们常常希望知道各个样品在各因子上的取值，从而能根据因子取值将样品分类，研究各个样品间的差异，等等。我们将样品在公共因子上的取值称为因子得分。

从理论上说，因子得分的估计方法有很多。例如，根据因子载荷，我们可以判断某个因子与哪几个变量高度相关，那么对这几个变量进行简单汇总或平均，就是对该因子得分的一个估计。当然，还有很多比较复杂的方法可以用来估计因子得分，下面介绍利用回归分析对因子得分进行估计的方法。

设公共因子 $\boldsymbol{F}$ 由变量 $\boldsymbol{X}$ 表示的线性组合为：

$$F_j = \beta_{j1} X_1 + \beta_{j2} X_2 + \cdots + \beta_{jp} X_p, \ j = 1, 2, \cdots, m \tag{3.15}$$

式中，$\boldsymbol{F}$ 和 $\boldsymbol{X}$ 均为标准化向量，因此回归模型中不存在常数项；β_{ji} 称为因子得分系数。求解因子得分就是要估计因子得分系数。

记 $\boldsymbol{B} = \begin{pmatrix} \beta_{11} & \beta_{12} & \cdots & \beta_{1p} \\ \beta_{21} & \beta_{22} & \cdots & \beta_{2p} \\ \vdots & \vdots & & \vdots \\ \beta_{m1} & \beta_{m2} & \cdots & \beta_{mp} \end{pmatrix}$，则式（3.15）的矩阵表示为：

$$\boldsymbol{F} = \boldsymbol{BX} \tag{3.16}$$

根据因子载荷的含义，有

$$\begin{aligned} a_{ij} &= Cov(X_i, F_j) \\ &= E[X_i(\beta_{j1} X_1 + \beta_{j2} X_2 + \cdots + \beta_{jp} X_p)] \\ &= \beta_{j1} r_{i1} + \beta_{j2} r_{i2} + \cdots + \beta_{jp} r_{ip}, \ i = 1, 2, \cdots, m \end{aligned} \tag{3.17}$$

式中，r_{ij} 是原始变量 X_i 与 X_j 的相关系数。从而有

$$\boldsymbol{A} = \boldsymbol{RB}' \tag{3.18}$$

由此得到 $\boldsymbol{B}$ 的估计值为：

$$\boldsymbol{B} = \boldsymbol{A}' \boldsymbol{R}^{-1} \tag{3.19}$$

需要注意的是，在因子分析中，所取的公共因子个数不同，因子得分也就不同。

第三节　因子分析的实例分析

本节以 2011 年上市公司财务数据为例，说明因子分析的步骤和对分析结果的解释。本例中的原始变量共包括 13 个财务比率，分析目标是归纳出这些财务比率的内在结构，并对上市公司的财务状况进行分析。

一、分析步骤

按照"分析"（Analyze）→"降维"（Data Reduction）→"因子分析"（Factor）的路径打开因子分析对话框，如图 3—1 所示。选择 13 个原始变量作为分析变量。

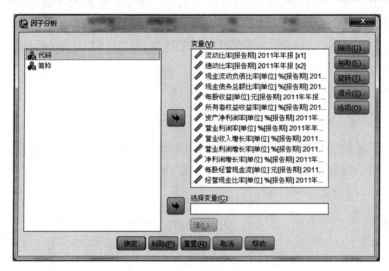

图 3—1　变量选择

在如图 3—1 所示的窗口中单击"描述"（Descriptives）按钮指定输出结果，对话框如图 3—2 所示，在"统计量"（Statistics）框中指定输出哪些基本统计量，其中"单变量描述性"（Univariate descriptive）表示输出各个变量的基本描述统计量；"原始分析结果"（Initial solution）表示输出因子分析的初始解。在"相关矩阵"（Correlation Matrix）框中指定考察因子分析条件的方法及输出结果，其中"系数"（Coefficients）表示输出相关系数矩阵；"显著性水平"（Significance levels）表示输出相关系数检验的 p 值；"行列式"（Determinant）表示输出变量相关系数的行列式值；"逆模型"（Inverse）表示输出相关系数矩阵的逆矩阵；"反映象"（Anti-image）表示输出反映像相关矩阵；"KMO 和 Bartlett 的球形度检验"（KMO and Bartlett's test of sphericity）表示进行 KMO 检验和 Bartlett 球形度检验。

这里我们选择"原始分析结果"和"KMO 和 Bartlett 的球形度检验"选项，然后点击"继续"（Continue）按钮。

图 3—2 描述统计框

在如图 3—1 所示的窗口点击"抽取"（Extraction）按钮打开因子分析对话框，指定因子提取的方法，如图 3—3 所示。在"方法"（Method）框中提供了多种提取因子的方法，其中"主成分"（Principal components）法，以及"主轴因子分解"（Principal axis factor）法是较为常用的方法。在"分析"（Analyze）框中指定提取因子的依据是来自相关系数矩阵，还是来自协方差矩阵。在"抽取"（Extract）框中选择如何确定因子数目，这里提供两种方法：一是选择特征值大于某一特定数值（默认值为 1）的因子；二是在"因子的固定数量"（Number of factors）框后输入提取因子的个数。在"输出"（Display）框中选择输出哪些信息，其中"未旋转的因子解"（Unrotated factor solution）表示输出未旋转的因子载荷矩阵；"碎石图"（Scree plot）表示输出碎石图。

图 3—3 因子提取方法

在这里我们选择主成分法作为因子提取的方法，选择输出碎石图，其他依照 SPSS 的默认设置，然后点击"继续"（Continue）按钮。

　　在如图 3—1 所示的窗口中单击"旋转"（Rotation）按钮打开如图 3—4 所示的对话框，选择因子旋转方法。在"方法"（Method）框中选择因子旋转方法。在"输出"（Display）框中指定输出与因子旋转相关的信息，其中"旋转解"（Rotated solution）表示输出旋转后的因子载荷矩阵；"载荷图"（Loading plot(s)）表示输出旋转后的因子载荷散点图。

　　这里我们选择最大方差法作为因子旋转方法，并选择输出旋转后的因子载荷矩阵和旋转后的因子载荷散点图，然后点击"继续"（Continue）按钮。

图 3—4　因子旋转方法

　　点击图 3—1 中的"得分"（Scores）按钮可以选择计算因子得分的方法，如图 3—5 所示。这里选择"回归"（Regression）方法。

图 3—5　因子得分方法

回到图 3—1 所示的对话框，点击"确定"（OK），就可以得到因子分析的结果。

二、分析结果的解释

在做因子分析之前，应当检验一下数据是否适合做因子分析。检验方法是在第二章已经介绍过的 KMO 统计量和 Bartlett 球形度检验。

KMO 值（小于 1）越大表示数据越适合做因子分析，KMO 值小于 0.5 表明数据不太适合做因子分析。由表 3—1 可知，KMO 值为 0.679，根据凯泽给出的 KMO 度量标准可知，原始变量适合进行因子分析。

Bartlett 球形度检验统计量的 p 值接近于 0，拒绝原假设，表明变量间存在较强的相关性，适合做因子分析。

表 3—1　　　　　　　　　　　**KMO 和 Bartlett 检验**

取样足够度的 Kaiser-Meyer-Olkin 度量		0.679
Bartlett 的球形度检验	近似卡方	10 089.054
	df	78
	Sig.	0.000

表 3—2 是因子分析的初始解，显示了所有变量的共同度数据。表中第二列是因子分析初始解下的共同度信息，第三列是按指定提取条件（这里是特征值大于 1）提取因子时的共同度，这一列中较小的值表明变量信息中只有较少的部分能够被因子解释，损失的信息较多，在因子分析中可能被剔除。本例中所有变量的共同度取值都在 0.5 以上，在可接受的范围，否则需要重新指定提取因子的标准。

表 3—2　　　　　　　　　　　共同度表

	初始	提取
流动比率	1.000	0.976
速动比率	1.000	0.972
现金流动负债比率	1.000	0.975
现金债务总额比率	1.000	0.713
每股收益	1.000	0.673
所有者权益收益率	1.000	0.770
资产净利润率	1.000	0.885
营业利润率	1.000	0.513
营业收入增长率	1.000	0.601
营业利润增长率	1.000	0.579
净利润增长率	1.000	0.597
每股经营现金流	1.000	0.829
经营现金比率	1.000	0.809

表 3—3 表示的是因子解释原始变量方差的情况。从初始解来看，有 4 个因子的特征值大于 1，这 4 个因子可以解释原有 13 个原始变量总方差的 76%。

表 3—3   方差解释情况表

成分	初始特征值		
	合计	方差的 %	累积 %
1	3.917	30.130	30.130
2	3.297	25.362	55.492
3	1.474	11.339	66.831
4	1.203	9.255	76.086
5	0.802	6.169	82.255
6	0.614	4.720	86.975
7	0.593	4.562	91.537
8	0.536	4.126	95.663
9	0.270	2.073	97.737
10	0.170	1.305	99.042
11	0.117	0.899	99.941
12	0.006	0.050	99.991
13	0.001	0.009	100.000

此外，从图 3—6 所示的碎石图可以看出，提取 4 个因子是合适的。

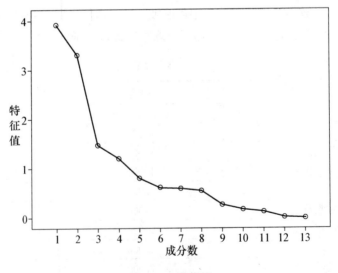

图 3—6　碎石图

表 3—4 给出了初始的因子载荷矩阵。从表 3—4 中可以看到，各个因子对应的因子载荷的绝对值没有表现为向 0 和 1 靠拢的两极化态势。一般来说，如果有较多的变量在多个因子上的载荷超过 0.2，则不利于因子的解释，需要对因子进行旋转。很明

显，本例中需要进行因子旋转。

表3—4   因子载荷矩阵

	成分			
	1	2	3	4
流动比率	0.895	−0.395	0.134	0.029
速动比率	0.895	−0.390	0.134	0.032
现金流动负债比率	0.896	−0.392	0.124	0.051
现金债务总额比率	0.815	−0.193	0.025	0.104
每股收益	0.366	0.688	−0.129	−0.220
所有者权益收益率	0.222	0.794	0.018	−0.300
资产净利润率	0.429	0.683	0.138	−0.465
营业利润率	0.522	0.383	−0.143	−0.269
营业收入增长率	−0.038	0.499	0.459	0.374
营业利润增长率	0.063	0.430	0.500	0.375
净利润增长率	0.087	0.540	0.437	0.327
每股经营现金流	0.234	0.510	−0.584	0.416
经营现金比率	0.374	0.308	−0.612	0.447

旋转后的因子载荷矩阵如表3—5所示。从表3—5中可以看出，旋转后的因子载荷阵明显地表现为向0和±1靠拢的两极化态势。其中，因子1主要与流动比率、速动比率、现金流动负债比率以及现金债务总额比率等四个财务比率高度相关，这四个比率都是反映偿债能力的指标，因此可将因子1称为偿债能力因子；因子2主要与每股收益、所有者权益收益率、资产净利润率和营业利润率等四个财务比率高度相关，这四个比率都是反映盈利能力的指标，因此可将因子2称为盈利能力因子；因子3主要与营业收入增长率、营业利润增长率和净利润增长率等三个财务比率高度相关，这三个比率都是反映企业增长的指标，因此可将因子3称为成长能力因子；因子4则主要与每股经营现金流和经营现金比率高度相关，这两个比率是反映企业创造现金流能力的指标，因此可将因子4称为现金流创造能力因子。

表3—5   旋转后的因子载荷矩阵

	成分			
	1	2	3	4
流动比率	0.985	0.037	−0.065	−0.012
速动比率	0.983	0.039	−0.061	−0.009
现金流动负债比率	0.985	0.027	−0.058	0.009
现金债务总额比率	0.822	0.110	0.002	0.157

续前表

	成分			
	1	2	3	4
每股收益	0.017	0.762	0.143	0.267
所有者权益收益率	−0.136	0.823	0.246	0.118
资产净利润率	0.098	0.916	0.185	−0.054
营业利润率	0.269	0.636	−0.040	0.185
营业收入增长率	−0.114	0.094	0.760	0.034
营业利润增长率	0.011	0.082	0.757	0.006
净利润增长率	−0.026	0.199	0.743	0.064
每股经营现金流	−0.051	0.228	0.100	0.874
经营现金比率	0.153	0.120	0.002	0.878

图 3—7 是因子载荷散点图，它是旋转后因子载荷矩阵的一个图形表示。由图 3—7 可以清晰地看到 13 个原始变量在因子空间中聚合为四组的情况。

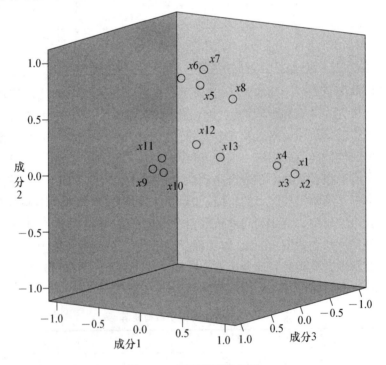

图 3—7　因子载荷散点图

综上，我们从 13 个原始变量中提取了 4 个潜在的因子来描述变量间的相关性，从而将变量分为 4 个类型。下一步可以计算每个公司在这 4 个因子上的因子得分，据此分析各个公司在 4 方面能力上的表现，从而对公司进行比较和聚类，为改善公司的财务管理提供参考，这是下一章聚类分析要讨论的内容。

第四节 因子分析的注意事项

与主成分分析一样，作为一种降维分析方法，因子分析的前提也是原始变量之间存在相关性，因此也要计算 KMO 统计量或者进行 Bartlett 球形度检验，此处不再赘述。

因子数目的确定是因子分析中的一个重要环节，常用的方法，无论是按照方差比例的原则，还是按照特征值大于 1 的原则，都具有一定的主观性。改变因子数目有时会伴随着因子载荷的明显变化。在确定因子数目时，最好先尝试几种可能的因子数，然后根据分析结果来选择一种更合理、更容易解释的因子模型。

本章所介绍的因子载荷的求解方法是主成分法，无须假定变量的分布。但是，如果采用极大似然估计方法，则需要假定变量服从联合正态分布，因此在因子分析前需要对变量的正态性进行检验。

此外，虽然因子旋转通常采用正交旋转，但是如果根据所研究的问题可以认为不同的公共因子之间可能具有相关性，则应当尝试斜交旋转。

C 第四章
Chapter 4 聚类分析

在实际问题中经常需要对原始数据进行分类，以便发现规律，做进一步的分析。例如，在古生物研究中，根据挖掘出的一些骨骼的形状和大小将生物分类；在地质勘探中，根据矿石标本的物探、化探等指标将样本分类；在市场营销学中，根据消费者的行为对市场进行细分，确定目标市场；医学中对病症的诊断分析，等等。这种根据研究个体的若干特征，对个体进行分类的多元分析方法就是聚类分析（cluster analysis）。

除了对个体的分类之外，还有一种针对指标进行的聚类分析。对个体的聚类称为 Q 型聚类，对指标的聚类称为 R 型聚类。本章介绍的是常用的 Q 型聚类。

第一节　聚类分析方法概述

一、基本思想

聚类分析的基本思想是：所研究的样品之间存在程度不同的相似性，如果根据一批样品的多个观测指标，计算一些度量样品之间相似程度的统计量，就可以依据这些统计量把样品分为几类，使得类内样品具有较强的相似性，而不同类的样品之间具有较强的差异性。

聚类分析看似简单，实际却不然。假定有 n 个样品，目标是将其聚为 m 类。如果给定每类的样品数，如 n_1, n_2, $\cdots$, n_m，则可能的聚类结果共有 $\dfrac{n!}{n_1!\ n_2!\ \cdots n_m!\ m!}$ 种。例如，设 $n=20$，$m=4$，$n_1=n_2=n_3=n_4=5$，则可能的分类法达 488 864 376 种之多！如果每类的个体数未知，那么可能的聚类结果会更多。聚类分析就是要从如此众多的分类结果中选出最好的。

二、相似性测度

如前所述，聚类分析的依据是样品间的相似性，或者说样品间的距离。在相似性度量的选择中，常常包含许多主观上的考虑，但最重要的考虑是指标的测量尺度。定量指标和定性指标所适用的相似性度量方法是不同的，下面分别介绍这两类变量最常用的相似性测度。

另外，如上文指出的，聚类分析就是使得类内样品尽可能相似，类间样品的差异尽可能大。由此产生了两类距离：一是样品与样品（即点和点）之间的距离；二是类与类之间的距离。前者称为点间距离，后者称为类间距离。

（一）点间距离

点间距离的度量方法有多种，而且对于不同测量尺度的变量，点间距离的度量方法也不相同。记 $\boldsymbol{x}_i=(x_{i1}, \cdots, x_{ip})$ 与 $\boldsymbol{x}_j=(x_{j1}, \cdots, x_{jp})$ 是样品 i 与样品 j 的观察值，下面介绍几种常用的点间距离的度量方法。

1. 基于定量变量的距离测度

欧氏距离（Euclidean distance）定义为：

$$d_{ij} = \sqrt{\sum_k (x_{ik} - x_{jk})^2} \tag{4.1}$$

闵氏距离（Minkowski p-metric）定义为：

$$d_{ij}(p) = \left(\sum_k |x_{ik} - x_{jk}|^p\right)^{\frac{1}{p}} \tag{4.2}$$

可以看到，如果式（4.2）中的 $p=2$，则闵氏距离即为欧式距离，可见欧式距离是闵氏距离的一个特例。此外，闵氏距离的几个特例还包括：

当 $p=1$ 时，闵氏距离为绝对距离（city block metric），即

$$d_{ij}(1) = \sum_k |x_{ik} - x_{jk}| \tag{4.3}$$

当 $p=\infty$ 时，闵氏距离为切比雪夫距离（Chebychev distance），即

$$d_{ij}(\infty) = \max_k |x_{ik} - x_{jk}| \tag{4.4}$$

在几种距离中，欧式距离的应用最为广泛。

2. 基于定性变量的距离测度

对于定性变量，通常采用匹配测量（matching measure）方法来测量点间距离，其中最常用的是匹配比例方法，其定义为：

$$匹配比例 = \frac{两个样品拥有的共同属性个数}{全部属性个数} \tag{4.5}$$

例如，根据表4—1中左半部分的原始数据，可以计算出四个客户两两之间的匹配比例，结果见表4—1的右半部分。以客户1和客户2为例，在三个属性中，二者的性别和受教育程度相同，而职位不同，因此匹配比例为2/3。

表 4—1   匹配比例的计算

原始数据				匹配比例				
客户	性别	受教育程度	职位	客户	1	2	3	4
1	女	大学	中	1	1			
2	女	大学	高	2	2/3	1		
3	男	高中	低	3	0	0	1	
4	男	大学	高	4	1/3	2/3	1/3	1

需要注意的是，适用于定性变量的测度也一定适用于定量变量，但适用于定量变量的测度通常不能用于定性变量。不同距离的选择对于聚类的结果有重要影响，因此在选择相似性测度时，一定要结合变量性质。

此外，对于定量变量，大部分距离测度方法受聚类变量的测量单位和数量级差异的影响。如果直接用原始数据计算距离，则数量级较大的数据对距离的影响较大，相当于对这个变量赋予了更大的权重，容易导致聚类结果产生很大偏差。为了解决这一问题，在计算距离之前，通常要对变量进行标准化处理。

（二）类间距离

类间距离是基于点间距离定义的。记类 G_p 与类 G_q 之间的距离为 D_{pq}，$d(\boldsymbol{x}_i, \boldsymbol{x}_j)$ 表示点 $\boldsymbol{x}_i(\boldsymbol{x}_i \in G_p)$ 与 $\boldsymbol{x}_j(\boldsymbol{x}_j \in G_q)$ 之间的距离，下面介绍几种常用的类间距离的度量方法。

1. 最短距离（single linkage）

最短距离法将两类间的距离定义为一个类中所有样品与另一类中所有样品间距离的最小者，即

$$D_{pq} = \min_{\boldsymbol{x}_i \in G_p, \boldsymbol{x}_j \in G_q} d(\boldsymbol{x}_i, \boldsymbol{x}_j) \tag{4.6}$$

最短距离法简单易用，能直观地说明聚类的含义，但是它有连接聚合的趋势，容易将大部分样品聚在一类，而且易受异常值影响，所以最短距离法的聚类效果并不好，实际应用中一般不采用。

2. 最长距离（complete linkage）

最长距离法将两类间的距离定义为一个类中所有样品与另一类中所有样品间距离的最大者，即

$$D_{pq} = \max_{\boldsymbol{x}_i \in G_p, \boldsymbol{x}_j \in G_q} d(\boldsymbol{x}_i, \boldsymbol{x}_j) \tag{4.7}$$

最长距离法弥补了最短距离法连接聚合的缺陷，但是当数据有较大的离散程度

时，易产生较多群。与最短距离法一样，受异常值影响较大。

3. **类平均法距离**（average linkage）

类平均法以两类间所有样品的距离的平均值作为类间距离的估计。未加权的类平均法距离定义为：

$$D_{pq} = \frac{1}{n_1 n_2} \sum_{x_i \in G_p} \sum_{x_j \in G_q} d(x_i, x_j) \tag{4.8}$$

式中，n_1 与 n_2 分别为类 G_p 与类 G_q 所含的样品数目。

类间平均法充分利用已知信息，考虑了所有的样品，克服了最短（长）距离法受异常值影响较大的缺陷，是一种聚类效果较好、应用较广的聚类方法。

加权的类平均法则将各类的规模作为权数来计算距离。当类间样品变异性较大时，加权的类平均法比未加权的平均法更优。

4. **重心法距离**（centroid method）

从物理角度来看，一个类用它的重心（该类中样品的均值）来代表是比较合理的。未加权的类间重心法就是将变量间的距离定义为两类重心间的距离。定义为：

$$D_{pq} = d(\bar{x}_p, \bar{x}_q) \tag{4.9}$$

式中，$\bar{x}_p$ 和 $\bar{x}_q$ 分别表示类 G_p 与类 G_q 的重心，即各类内所含样品的均值。

加权的类间重心法（weighted pair-group centroid or median method）则是将各类的规模作为权数来计算距离。当类间样品变异性较大，类的规模有显著差异时，加权的类间重心法比未加权的重心法更优。

5. **离差平方和法距离**（Ward's method）

这种方法与前面几种方法明显不同，它把某两类合并后增加的离差平方和作为两类间的距离，即

$$D_{pq} = \sum_{x_k \in G_p \cup G_q} (x_k - \bar{x})'(x_k - \bar{x}) - \sum_{x_i \in G_p} (x_i - \bar{x}_p)'(x_i - \bar{x}_p)$$
$$- \sum_{x_j \in G_q} (x_j - \bar{x}_q)'(x_j - \bar{x}_q) \tag{4.10}$$

式中，$\bar{x}$ 是类 G_p 与类 G_q 合并之后形成的大类的重心。

需要注意的是，离差平方和法距离要求采用平方欧氏距离。以前由于计算烦琐限制了它的应用，现在随着计算机技术的发展，计算已不再是困难，离差平方和法被认为是一种理论上和实际上都非常有效的聚类方法，应用较为广泛。

第二节　聚类方法

聚类分析方法有多种，常用的有系统聚类法（agglomerative/ hierarchical cluster）和快速聚类法（partitioning/ quick cluster）。

一、系统聚类法

系统聚类法的基本原理是由多到少逐步进行分类，即开始时将每个样品单独作为一类，以后每一步将距离最近的样品聚为一类，直至最后所有的样品都聚为一类。其迭代步骤如下：

第一步：将每个样品作为一类，记为 C_1，C_2，$\cdots$，C_n。计算类间距离。令 $t=1$。

第二步：找到距离最近的两类，记为 C_i，C_j。

第三步：合并 C_i 和 C_j 得到新的一类，记为 C_{n+t}；

第四步：计算 C_{n+t} 与其他类之间的距离；

第五步：将 C_{n+t} 作为新增的类别，取消 C_i 和 C_j。令 $t = t + 1$。

返回第二步，重复上述过程，直至所有样品并为一类。

系统聚类的结果通常通过谱系图（dendrogram）来展示。谱系图也称为树状图，其横轴为距离，纵轴为各个样品（即初始小类）。谱系图展示了根据类间距离逐步将各个样品从单独的一类聚成一大类的全过程，因其直观性而在实际中广泛应用。

系统聚类的优点是无须事先知道或猜测类别数，研究者可以根据谱系图的输出结果来确定将个体划分为几个类别。此外，除了重心法以外，系统聚类方法可以保证距离的单调性，即每次并类时的距离 $\{D_k，k=1，2，\cdots，n-1\}$ 是单调上升的，单调性符合系统聚类的原理。

系统聚类法要求分类方法准确，一个样品一旦划入某一类就不能改变了，并且它在聚类过程中需要存储距离矩阵，当聚类变量太多时，占用内存太多，速度较慢。

二、快速聚类法

快速聚类法是另外一种聚类方法，其突出特点是事先确定好要分多少类，这使其与系统聚类法形成鲜明对照。正是由于类数事先确定，这种聚类方法也称为 k-均值聚类法（k-means cluster）。

快速聚类法的基本思想是，开始先粗略地将样品分为规定数目的类别，然后按照某种最优原则对初始的分类进行修改，直至达到一个较为合理的分类结果。因此，快速聚类法本质上是一个优化问题，即在事先规定的分类数的约束下，使得类内距离极小化，类间距离极大化。该方法具有占用计算机内存空间小、计算量小、计算速度快的优点，故而得名。

此外，从聚类过程来看，快速聚类与系统聚类也有差别。系统聚类具有不可逆性，即一次形成类后就不能改变了，而快速聚类则具有动态性，某一步分好的类在后面的过程中会被修改，因此也称为动态聚类。

快速聚类法的迭代步骤如下，其中 k 为事先规定的类数：

第一步：将数据初步分为 k 类。通过确定 k 个凝聚点（"种子"），将各个样品分到距离最近的凝聚点所规定的类中；

第二步：计算每个类的中心；

第三步：计算每个样品到所在类的类中心的距离的平方和：

$$ESS = \sum_{i=1}^{n} (\boldsymbol{x}_i - \bar{\boldsymbol{x}}_{c(i)})' (\boldsymbol{x}_i - \bar{\boldsymbol{x}}_{c(i)}) \tag{4.11}$$

第四步：将各样品重新分类，分到距离最近的类中心所规定的类中。

如果成员没有变化，则聚类程序收敛；如果至少有一个成员需要重新调整类别，则返回到第二步。

最终，快速聚类能够产生较小的 ESS，这正是快速聚类的内在要求。

在快速聚类分析中，初始凝聚点的选择会影响聚类分析的结果。初始凝聚点的选择可以是随机的，也可以是人为规定的，还可以参考系统聚类的分析结果来确定。

三、两步聚类法

在实际的聚类分析中，常常面对很大的数据集，而且聚类变量既有定量变量，又有定性变量。此时，前面介绍的两种聚类方法都不适用：系统聚类需要计算每对样品之间的距离，面对大数据集，计算速度会很慢；快速聚类的速度虽然比较快，但是要求事先指定聚类的数目；两类方法都不能用于定量数据和定性数据混合的情形。两步聚类（two-step cluster）是可以解决这种问题的方法。

两步聚类的基本步骤如下：

（1）通过构建和修改聚类特征树（cluster feature tree），对样品进行预分类（precluster）。所谓聚类特征，包括针对定量变量的均值和方差，以及针对定性变量的计数。预分类完成之后，每个预分类中的样品将作为一个整体，即预分类的结果将替代原始数据，作为下一步聚类的输入。

（2）对预分类的结果进行再次聚类，将小类合并为大类。由于在这个阶段需要处理的类别已经大大减少，因此可以采用传统的聚类方法，SPSS 在这个步骤采用系统聚类法。

两步聚类的优点在于：

（1）从聚类过程来看，两步聚类只需对数据进行一次全面扫描，第二步中计算的距离是针对数量大为减少的预分类，因此面对大数据集仍然可以保持较快的速度；

（2）在每个步骤中都会计算 AIC 或 BIC 值，通过判定 AIC 和 BIC 的大小以及类别之间最小距离的变化情况，可以自动确定最优类别数。

需要注意的是，AIC 和 BIC 都是基于对数似然函数计算的，对数似然函数对聚类变量的分布有要求，如果聚类变量相互独立，且定量变量服从正态分布，定性变量服从多项分布，则聚类的效果最好。在实际应用中，关于变量分布的假定往往不成立，研究者要自己判断两步聚类的效果是否可以接受。

此外，两步聚类中聚类特征树和最终分类可能取决于样品的顺序，要将样品顺序的影响降到最低程度，可以随机排列样品顺序，或者使用多个不同的随机排列的样品来验证分类结果的稳定性。

第三节　聚类分析的实例分析

下面以第三章因子分析示例中所用的上市公司数据来说明用 SPSS 进行聚类的步骤。

一、确定聚类变量

在因子分析示例中，初始变量共包含 13 个财务比率，聚类分析的目的是想研究这些上市公司是否可以归成若干具有不同财务结构特点的类别。

如果直接选用初始的 13 个变量，则由于聚类变量过多，聚类分析的计算较为烦琐，而且聚类结果不易解释。在因子分析中，我们已经对原始变量进行了降维，提取了 4 个有明确含义的公共因子。在聚类分析中，如果使用提取的公共因子进行聚类，则聚类变量的维度大大降低，从而可以简化聚类分析的计算，并且聚类结果也更加容易解释。本节将使用公共因子作为聚类变量，数据如图 4—1 所示。

	代码	简称	FAC1_1	FAC2_1	FAC3_1	FAC4_1	x1	x2	x3	x4	x5	x6
1809	600519	贵州茅台	-1.01255	7.17424	-.19300	6.63812	2.94	2.18	192.6	106.86	8.44	
1810	002304	洋河股份	-.89636	4.94715	.61972	3.75437	1.63	1.20	96.3	61.92	4.46	
1811	002051	中工国际	-.87915	-.79623	.38301	8.81611	1.22	1.12	78.8	54.81	1.05	
1812	600729	重庆百货	-.73409	.70783	-.14439	1.56859	1.03	.77	65.1	17.11	1.61	
1813	600036	浦发银行	-.72385	-1.38176	.18408	15.43163	.42	.42	16.0	7.84	1.46	
1814	000651	格力电器	-.69677	1.31792	.39536	.06842	1.12	.85	25.0	5.02	1.86	
1815	002128	露天煤业	-.62811	2.83160	-.63793	-.24416	1.04	.90	10.6	30.71	1.08	
1816	000550	江铃汽车	-.62752	2.32439	-.63905	-.05127	1.90	1.63	128.4	26.12	2.17	
1817	601699	潞安环能	-.61936	1.12430	-.65539	2.16162	1.11	1.07	50.2	38.79	1.49	
1818	600742	一汽富维	-.61915	1.55429	-.82234	-.22022	1.51	1.07	32.0	16.51	2.02	
1819	002204	大连重工	-.60331	1.03994	-.84910	.38783	1.15	.91	10.1	.87	2.04	
1820	002269	美邦服饰	-.59969	1.68117	.38923	-.18816	1.21	.66	23.4	20.53	1.21	
1821	002594	比亚迪	-.58461	-.76793	-1.04196	1.48904	.64	.44	12.1	14.37	.61	
1822	601231	环旭电子	-.58458	.42892	-.88534	.06232	1.43	1.05	34.7	22.06	.50	
1823	600660	福耀玻璃	-.58301	1.36307	-.71034	-.11591	1.04	.64	17.6	24.45	.76	
1824	300285	国瓷材料	-.57961	2.56153	.22249	-.00549	1.02	.52	7.4	38.50	.94	
1825	600820	隆缝股份	-.57277	-.57966	-.73855	1.60345	1.19	.99	33.5	11.17	.71	
1826	002035	华帝股份	-.56652	1.08162	-.02417	-.62158	1.04	.87	48.4	14.95	.62	
1827	600581	八一钢铁	-.56490	-.32477	-.32543	-.26289	.69	.27	2.7	9.92	.63	
1828	002978	太阳纸业	-.55911	-.32752	-.82575	.43845	.67	.52	16.4	9.96	.47	
1829	300291	华录百纳	-.55506	3.58059	1.01376	-1.05703	2.00	1.29	45.1	9.06	1.88	
1830	002652	扬子新材	-.55465	.67715	-.28633	-.76600	1.24	.99	57.9	5.41	.56	
1831	002251	步步高	-.55271	-.08422	.40444	.92411	.74	.38	17.0	17.35	.96	

图 4—1　示例数据

回顾因子分析的结果，四个公共因子分别为：

（1）偿债能力因子（变量 FAC1_1）；

（2）盈利能力因子（变量 FAC2_1）；

（3）成长能力因子（变量 FAC3_1）；

（4）现金流创造能力因子（变量 FAC4_1）。

如前所述，聚类分析中通常需要对变量进行标准化处理。本例中，我们使用的聚类变量是因子得分。由于在因子分析中，我们使用的是相关系数矩阵，所以因子得分已经是经过标准化处理的变量，即各个变量的均值为 0，方差为 1，在下面的分析中无须进行标准化变换。

二、聚类方法的实现

（一）系统聚类方法的实现

首先介绍系统聚类方法的实现。为了便于展示聚类分析的结果，我们随机选取了32家公司进行分析。随机选择样本的操作路径为：数据→选择个案→随机个案样本→样本，最后在"样本"对话框中输入希望选取的样本比例即可。

依菜单"分析"（Analyze）→"分类"（Classify）打开聚类分析的对话框，如图4—2所示。

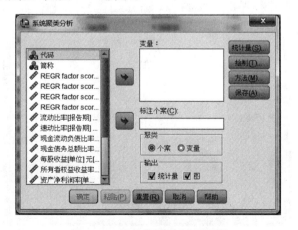

图4—2　聚类分析的主对话框

在图4—2所示的对话框中点击"系统聚类"（Hierarchical Cluster）之后，出现系统聚类分析对话框，如图4—3所示。

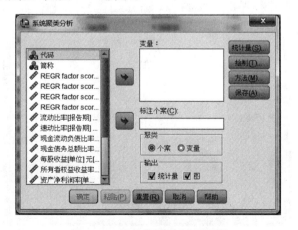

图4—3　系统聚类分析对话框

在图 4—3 中的"聚类"（Cluster）选项中选择聚类方式，其中"个案"（Cases）表示对样品聚类，"变量"（Variables）表示对变量聚类。本例想了解上市公司的分类情况，故选择按个案聚类。

将"代码"变量添加到"标注个案"（Label Cases by）框中，将四个聚类变量添加到"变量"（Variables）框中，如图 4—4 所示。

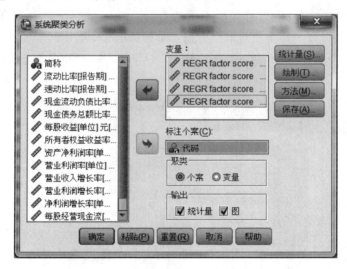

图 4—4　系统聚类分析对话框

在图 4—4 中，点击"方法"（Method）按钮可以选择距离的测度方法，如图 4—5 所示。本例中选择"Euclidean 距离"（Euclidean distance），然后点击"继续"（Continue）。

图 4—5　系统聚类分析的距离测度方法下拉列表

在图 4—4 中单击"绘制"（Plots）按钮，出现如图 4—6 所示的对话框。选中
"树状图"（Dendrogram）复选框，点击"继续"（Continue）按钮，SPSS 会输出树状
聚类图，树状聚类图可以清楚地展示聚类的过程，直观地给出各种分类。也可以选择
"冰柱"（Icicle）选项输出冰柱图，本例选择"垂直冰柱图"（Vertical Icicle Plot）。垂
直冰柱图与树状聚类图类似，也是一种聚类结果的展示形式，两者只是坐标轴不同而
已。与树状图相反，垂直冰柱图的横轴为各个样品，纵轴为距离。

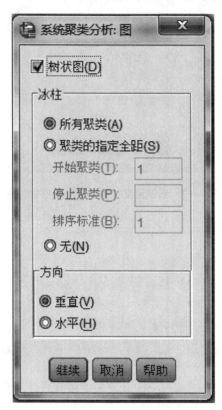

图 4—6　系统聚类"绘制"选项对话框

在图 4—4 中单击"统计量"（Statistics）按钮，出现如图 4—7 所示的对话
框。选中"合并进程表"（Amalgamation schedule）复选框，SPSS 会输出聚类进
度表。聚类进度表的每一行表示一次聚类，并给出聚类对象的名称，第一列对应
的格中给出这次聚在一起的两类间的距离。其意义和聚类图相同，只是展示方式
为表格形式而已。

单击图 4—4 中的"确定"（OK）按钮，就可以得到系统聚类分析的结果。下面
只展示聚类分析的树状图（见图 4—8）和聚类进度（见图 4—9）。

从图 4—8 和表 4—2 可以看到，代码为 1973 和 2035 的两个公司之间的距离最
短，它们首先聚在一起；在剩余的 31 个类中（1973 和 2035 第一步已聚在一起，算作
一类），2100 和 2224 间距离最短，它们聚在一起，聚了两步，减少了 2 类……最后，
所有公司聚成一大类，至此系统聚类过程完成。

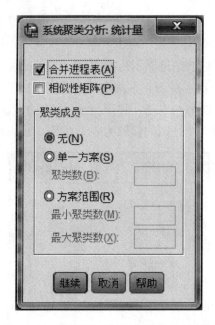

图 4—7　系统聚类"统计量"选项对话框

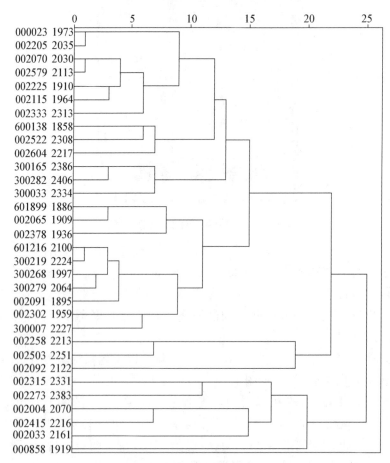

图 4—8　树状聚类图

表 4—2   聚类进度表

阶	群集组合		系数	首次出现阶群集		下一阶
	群集 1	群集 2		群集 1	群集 2	
1	1 973	2 035	0.234	0	0	20
2	2 100	2 224	0.263	0	0	6
3	2 030	2 113	0.310	0	0	10
4	1 997	2 064	0.325	0	0	6
5	1 910	1 964	0.407	0	0	10
6	1 997	2 100	0.462	4	2	9
7	1 886	1 909	0.468	0	0	18
8	2 386	2 406	0.493	0	0	16
9	1 895	1 997	0.502	0	6	19
10	1 910	2 030	0.552	5	3	12
11	1 959	2 227	0.695	0	0	19
12	1 910	2 313	0.722	10	0	20
13	1 858	2 308	0.723	0	0	17
14	2 070	2 216	0.757	0	0	25
15	2 213	2 251	0.797	0	0	28
16	2 334	2 386	0.806	0	8	24
17	1 858	2 217	0.808	13	0	23
18	1 886	1 936	0.905	7	0	21
19	1 895	1 959	0.941	9	11	21
20	1 910	1 973	0.969	12	1	23
21	1 886	1 895	1.106	18	19	26
22	2 331	2 383	1.160	0	0	27
23	1 858	1 910	1.200	17	20	24
24	1 858	2 334	1.310	23	16	26
25	2 070	2 161	1.458	14	0	27
26	1 858	1 886	1.491	24	21	30
27	2 070	2 331	1.637	25	22	29
28	2 122	2 213	1.877	0	15	30
29	1 919	2 070	1.962	0	27	31
30	1 858	2 122	2.129	26	28	31
31	1 858	1 919	2.400	30	29	0

进一步地，根据需要，我们可以把 32 家上市公司分为若干类。例如，如果分为三类，则代码为 2331，2383，2070，2216，2161 和 1919 的公司聚为一类，代码为

2213，2251 和 2122 的公司聚为一类，其他公司聚为一类。

（二）快速聚类方法的实现

下面仍然对上面随机选出的 32 家上市公司进行聚类分析，采用快速聚类方法。

依菜单"分析"（Analyze）→"分类"（Classify）→"K-均值聚类"（K-Means Cluster）打开快速聚类分析的对话框，如图 4—9 所示。

在图 4—9 中选择"变量"（Variables）和"个案标记依据"（Label Cases by）。

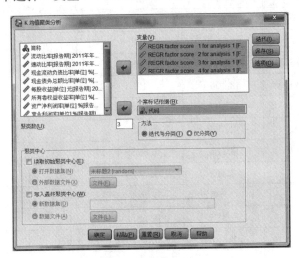

图 4—9　快速聚类对话框

在图 4—9 的"聚类数"（Number of Clusters）框中输入事先确定好的分类数，这个分类数介于 1 和参与聚类的变量数之间。快速聚类要求在分析前给定类数，但是这个类数如何确定，目前并无定论。实际应用中人们主要根据研究的目的，从实用的角度出发，选择合适的分类数。根据上节结论，我们输入类数 3。

在图 4—9 中点击"迭代"（Iterate）按钮，出现如图 4—10 所示的对话框，在这个对话框中可以指定"最大迭代次数"（Maximum Iterations），以确定修改分类的规则。系统默认为 10，一般不作改动。

图 4—10　最大迭代次数选项

在图 4—9 对话框的下部，有"聚类中心"（Cluster Centers）选项。其中，"读取初始聚类中心"（Read initial from）用来指定数据文件来源，说明我们所分析的作为凝聚点的观测来自于哪一个文件，单击后面的"文件"（File）按钮弹出选择文件对话框，可按照一定的路径来选择所需的文件。"写入最终聚类中心"（Write final as）用来把聚类过程凝聚点的最终结果保存到指定的数据文件里。这里我们不指定初始凝聚点。

在图 4—9 所示的对话框中，"方法"（Method）选项提供了两种聚类方法："迭代与分类"（Iterate and classify）和"仅分类"（Classify only）。前者指在迭代过程中不断改变凝聚点；后者指在聚类过程中并不改变其凝聚点，而是使用初始凝聚点进行聚类。这里选择系统默认的"迭代与分类"（Iterate and classify）方法。

在图 4—9 所示的对话框中点击"保存"（Save）打开保存对话框，如图 4—11 所示。勾选"聚类成员"（Cluster membership）和"与聚类中心的距离"（Distance from cluster center），点击"继续"（Continue）。

图 4—11　保存对话框

在图 4—9 所示的对话框中点击"选项"（Options）打开选项对话框，如图 4—12 所示。勾选"初始聚类中心"（Initial cluster centers）和"ANOVA 表"（ANOVA table），点击"继续"（Continue）。

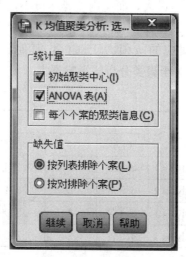

图 4—12　选项对话框

按照上述聚类步骤设定好选择后，点击"确定"（OK）即可输出聚类分析结果。初始聚类中心结果如表 4—3 所示。

表 4—3 初始聚类中心

	聚类		
	1	2	3
REGR factor score 1 for analysis 1	−0.415 07	−0.032 58	−0.378 96
REGR factor score 2 for analysis 1	2.422 39	0.096 65	−1.243 41
REGR factor score 3 for analysis 1	−0.129 05	1.570 04	−0.915 88
REGR factor score 4 for analysis 1	1.810 85	−0.687 26	−0.100 59

聚类之后类中心结果如表 4—4 所示。

表 4—4 最终类中心

	聚类		
	1	2	3
REGR factor score 1 for analysis 1	−0.050 28	−0.268 66	−0.102 00
REGR factor score 2 for analysis 1	1.388 51	0.230 72	−0.362 08
REGR factor score 3 for analysis 1	0.304 66	0.638 08	−0.379 49
REGR factor score 4 for analysis 1	1.006 01	−0.422 12	−0.095 11

由表 4—4 可以看到，第一类公司的四个因子中，除了因子 3 之外，其他三个因子的得分在三类中都是最高的，表明该类公司各方面的能力较为均衡，属于低风险、高收益类型；第二类公司的因子 2 和因子 3 的得分高于平均水平，但是其他两个因子的得分最低，表明该类公司属于高风险、高收益类型；第三类公司的四个因子的得分都低于平均值，尤其是因子 2 和因子 3，表明该类公司属于低收益类型。

聚类就是使类间差异尽量大，而类内差异尽量小，方差分析可以提供这种检验功能，是衡量分类是否合理的重要依据。本例输出的方差分析表如表 4—5 所示。由表 4—5 可以看到，因子 1 对应的 p 值大于 0.05，其他三个因子的 p 值都很小，几乎为 0。可见本例中因子 1 对于聚类分析的影响不大。

表 4—5 方差分析表

	聚类		误差		F	Sig.
	均方	df	均方	df		
REGR factor score 1 for analysis 1	0.125	2	0.105	29	1.188	0.319
REGR factor score 2 for analysis 1	6.598	2	0.364	29	18.121	0.000
REGR factor score 3 for analysis 1	3.442	2	0.280	29	12.291	0.000
REGR factor score 4 for analysis 1	4.084	2	0.232	29	17.573	0.000

最终样品的类别分布情况如表 4—6 所示，第一类有 6 个个案，第二类有 11 个个

案，第三类有 15 个个案。

表 4—6 每一类中个案数分布表

聚类	1	6.000
	2	11.000
	3	15.000

每一个样品所属的类别如图 4—13 所示，图 4—13 中的 QCL＿1 即为各个公司所属的类别。

	代码	简称	QCL_1
1	600138	中青旅	3
2	601899	紫金矿业	2
3	002091	江苏国泰	2
4	002065	东华软件	2
5	002225	濮耐股份	3
6	000858	五 粮 液	1
7	002378	章源钨业	2
8	002302	西部建设	2
9	002115	三维通信	3
10	000023	深天地 A	3
11	300268	万福生科	3
12	002070	众和股份	3
13	002205	国统股份	3
14	300279	和晶科技	3
15	002004	华邦制药	1
16	601216	内蒙君正	2
17	002579	中京电子	3
18	002092	中泰化学	2
19	002033	丽江旅游	1
20	002258	利尔化学	2
21	002415	海康威视	1
22	002604	龙力生物	3
23	300219	鸿利光电	2

图 4—13 聚类结果

（三）两步聚类方法的实现

下面对所有上市公司进行聚类分析，采用两步聚类方法。

依菜单"分析"（Analyze）→"分类"（Classify）→"两步聚类"（Two-step Cluster）打开快速聚类分析的对话框，如图 4—14 所示。

在图 4—14 中进行变量选择时，要注意区分聚类变量的属性，如果是定性变量，应导入"分类变量"；如果是定量变量，则导入"连续变量"。本例中的因子得分都是定量变量，因此导入连续变量。

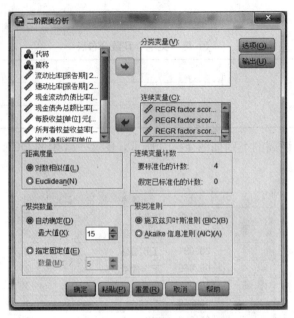

图 4—14 两步聚类对话框

图 4—14 的"距离度量"（Distance Measure）提供两个选项：一是对数相似值，即对数似然函数值；二是欧氏距离。如果所有变量都是定量变量，可以选择欧氏距离；如果既有定性变量，又有定量变量，则应选择对数似然函数值。本例中距离变量都是定量变量，两种距离都可以使用，这里选择对数似然函数值。

图 4—14 的"聚类数量"（Number of Clusters）提供两个选项。自动确定将会使用聚类准则中指定的准则（AIC 或 BIC），自动确定最优聚类数目。也可以指定一个固定值。本例中使用自动确定。

按照上述聚类步骤设定好选择后，点击"确定"（OK）即可输出聚类分析结果。

首先弹出的是模型查看器，如图 4—15 所示。

模型概要

算法	两步
输入	4
聚类	2

聚类质量

差　　尚好　　好

−1.0　　−0.5　　0.0　　0.5　　1.0

凝聚和分离的轮廓测量

图 4—15 两步聚类模型查看器

图 4—15 中模型概要的部分显示聚类模型的基本情况，本例使用的是两步聚类，输入变量一共有四个，最终可聚为两类。聚类质量部分输出的是"轮廓"（Silhou-ette）测量，轮廓测量如果为 1，表示所有样品直接位于其聚类中心，聚类质量最好；如果为 0，表示样品到其自身聚类中心的距离与其到最近其他聚类中心的距离相等，聚类质量差；如果为 −1，表示所有样品位于其他某些类的聚类中心，聚类质量最差。可以看到，本例的聚类质量良好。

双击图 4—15，就会弹出聚类浏览器，如图 4—16 所示。

图 4—16　两步聚类浏览器（1）

由图 4—16 可以看到，浏览器中有两个面板，左侧为主视图，右侧为辅助或链接视图。由辅助视图可知本例中上市公司被聚为两类，第一类公司有 34 家，占样本公司的 5.3%；第二类公司有 611 家，占样本公司的 94.7%。

点击浏览器下方的"视图"选项，可以查看更多的聚类输出结果。例如在主视图菜单中选择"聚类"，在辅助视图中选择"预测变量重要性"，则输出图 4—17。由图 4—17 可知，在四个聚类变量中，根据对于聚类分析的重要性由大到小排列，分别为因子 3、因子 1、因子 4 和因子 2。

在辅助视图中选择"单元分布"，则输出图 4—18。由图 4—18 可以观察四个因子在两类总体中的分布存在的差异。

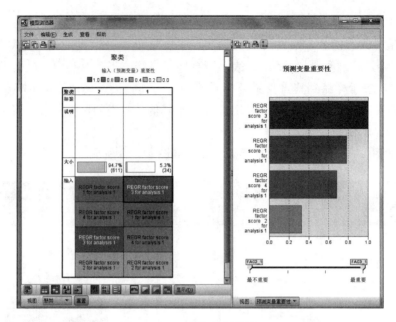

图 4—17　两步聚类浏览器（2）

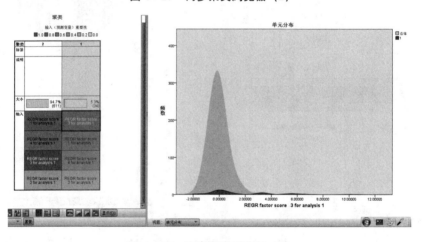

图 4—18　两步聚类浏览器（3）

第四节　聚类分析的注意事项

聚类分析是一种无监督的学习，由于研究者并不了解样品的真实归属，因此很难判断聚类结果是否正确。聚类结果依赖于很多因素，包括聚类变量、数据的随机性、异常值、变量的方差、距离的测量方式以及聚类方法等。

如果去掉一些变量，或者增加一些变量，结果会有很大的不同。相比之下，聚类方法的选择并不是那么重要。因此，在聚类分析之前，一定要对聚类变量进行深入的论证和选择。

如果聚类变量的离散程度差别很大，则方差大的变量对聚类结果起着决定性作用，此时往往需要对变量进行标准化，否则不必进行标准化。此外，聚类结果受异常值的影响很大，因此聚类分析前要检查并剔除异常值。

　　此外，对点间距离和类间距离的选择对聚类结果也有影响，但一般不会太大。实际分析中可以先尝试多种距离，然后根据结果的可解释性选择最优距离。

C 第五章
Chapter 5 判别分析

在第四章介绍的聚类分析中，总体有几种类型，在聚类分析之前并不知道。有时，总体一共有几种类型在事前是已知的，而且知道样本中各个样品属于哪种类型，只是不清楚新的样品归属于哪类。例如，银行在决定是否为某个住房贷款申请人提供贷款时，需要判别这个人未来违约的风险。银行已经向很多客户发放了住房贷款，这些客户中，有些是违约客户，没有按期还贷，有些则没有违约，按期偿还贷款。银行可以根据新的申请人与两类客户的相似程度，将申请人归为某一类，从而决定是否向其发放贷款。

这种在总体类型已知、观测样品分类已知的条件下，判别新样品所属类型的问题，可以采用判别分析来解决。具体来说，判别分析是在已知观测对象的分类结果和若干表明观测对象特征的变量值的情况下，建立一定的判别准则，使得利用判别准则对新的观测对象的类别进行判断时，出错的概率很小。

判别分析的方法有很多，这里仅介绍距离判别法、Fisher 判别法、Bayes 判别法和逐步判别法的基本原理。

第一节 距离判别法

一、距离判别法的基本思想

距离判别法的基本思想是：样品与哪个总体的距离最近，就判别其属于哪个总体。

在原始数据中我们已知不同数据的所属类别，可以计算出各类总体的重心。在对待判样品进行分类时，只需分别计算该样品与各类重心之间的距离，若它与第 i 类重心距离最近，就认为该样品来自于第 i 类。这里用来比较与各个中心距离的数学函数就是判别函数。与聚类分析类似，距离有多种定义方式，通常采用马氏（Mahalanobis）距离。

二、两个总体的距离判别法

下面以两个总体、p 个判别变量的情形为例说明距离判别法的原理。

记来自总体 G_i 的样本为 $\boldsymbol{X}^{(i)}_{(j)} = (x^{(i)}_{j1}, x^{(i)}_{j2}, \cdots, x^{(i)}_{jp})'$（$i=1, 2$；$j=1, 2, \cdots, n_i$），其中，$n_i$ 为来自 G_i 的样品个数。则 G_i 的均值向量 $\boldsymbol{\mu}^{(i)}$ 的估计量为：

$$\bar{\boldsymbol{X}}^{(i)} = \left(\frac{1}{n_i}\sum_{j=1}^{n_i} x^{(i)}_{j1}, \frac{1}{n_i}\sum_{j=1}^{n_i} x^{(i)}_{j2}, \cdots, \frac{1}{n_i}\sum_{j=1}^{n_i} x^{(i)}_{jp}\right)' = (\bar{x}^{(i)}_1, \bar{x}^{(i)}_2, \cdots, \bar{x}^{(i)}_p)' \quad (5.1)$$

协方差阵 $\boldsymbol{\Sigma}_{(i)}$ 的估计量为：

$$\boldsymbol{S}_{(i)} = (s^{(i)}_{kl})_{p\times p} = \left(\frac{1}{n_i-1}\sum_{t=1}^{n_i}(x^{(i)}_{tk}-\bar{x}^{(i)}_k)(x^{(i)}_{tl}-\bar{x}^{(i)}_l)\right)_{p\times p}, k,l=1,2,\cdots,p \tag{5.2}$$

如果两个总体的协方差阵相等，即 $\boldsymbol{\Sigma}_{(1)}=\boldsymbol{\Sigma}_{(2)}=\boldsymbol{\Sigma}$，则 $\boldsymbol{\Sigma}$ 的估计量为：

$$\boldsymbol{S} = (s_{kl})_{p\times p} = \left(\frac{1}{n-2}\sum_{i=1}^2\sum_{t=1}^{n_i}(x^{(i)}_{tk}-\bar{x}^{(i)}_k)(x^{(i)}_{tl}-\bar{x}^{(i)}_l)\right)_{p\times p}, k,l=1,2,\cdots,p \tag{5.3}$$

（一）$\boldsymbol{\Sigma}_{(1)}=\boldsymbol{\Sigma}_{(2)}$ 时的判别方法

对于新样品 $\boldsymbol{X}$，计算其到两个总体的距离 $d^2(\boldsymbol{X}, G_1)$ 和 $d^2(\boldsymbol{X}, G_2)$：

$$\begin{aligned} d^2(\boldsymbol{X},G_i) &= (\boldsymbol{X}-\bar{\boldsymbol{X}}^{(i)})'\boldsymbol{S}^{-1}(\boldsymbol{X}-\bar{\boldsymbol{X}}^{(i)}) \\ &= \boldsymbol{X}'\boldsymbol{S}^{-1}\boldsymbol{X} - 2\left[(\boldsymbol{S}^{-1}\bar{\boldsymbol{X}}^{(i)})'\boldsymbol{X} - \frac{1}{2}(\bar{\boldsymbol{X}}^{(i)})'\boldsymbol{S}^{-1}\bar{\boldsymbol{X}}^{(i)}\right] \\ &= \boldsymbol{X}'\boldsymbol{S}^{-1}\boldsymbol{X} - 2Y_i(\boldsymbol{X}) \end{aligned} \tag{5.4}$$

显然，要判别新样品到两个总体的距离，只需要计算式（5.4）中 $Y_i(\boldsymbol{X})$ 即可，判别准则为：

$$\text{样品属于}\begin{cases} G_1, \text{如果 } Y_1(\boldsymbol{X}) > Y_2(\boldsymbol{X}) \\ G_2, \text{如果 } Y_1(\boldsymbol{X}) \leqslant Y_2(\boldsymbol{X}) \end{cases} \tag{5.5}$$

称 $Y_i(\boldsymbol{X})$ 为判别函数。由于该判别函数是 $\boldsymbol{X}$ 的线性函数，因此称为线性判别函数。

经过一些计算可得

$$d^2(\boldsymbol{X},G_2)-d^2(\boldsymbol{X},G_1)=2\left[\boldsymbol{X}-\frac{1}{2}(\bar{\boldsymbol{X}}^{(1)}+\bar{\boldsymbol{X}}^{(2)})\right]'\boldsymbol{S}^{-1}(\bar{\boldsymbol{X}}^{(1)}-\bar{\boldsymbol{X}}^{(2)})=2W(\boldsymbol{X}) \tag{5.6}$$

根据式（5.6）中 $W(\boldsymbol{X})$ 即可判别样品的归属，判别准则为：

$$样品属于 \begin{cases} G_1, 如果\, W(\boldsymbol{X}) > 0 \\ G_2, 如果\, W(\boldsymbol{X}) \leqslant 0 \end{cases} \tag{5.7}$$

由于 $W(\boldsymbol{X})$ 是 $\boldsymbol{X}$ 的线性函数，因此也称为线性判别函数。

如果判别变量只有一个，且假定 $\overline{X}^{(1)} > \overline{X}^{(2)}$，则判别准则等价于比较新样品的判别变量 X 与阈值 $\overline{y} = \dfrac{1}{2}(\overline{X}^{(1)} + \overline{X}^{(2)})$ 的相对大小，即

$$样品属于 \begin{cases} G_1, 如果\, \boldsymbol{X} - \boldsymbol{y} > 0 \\ G_2, 如果\, \boldsymbol{X} - \boldsymbol{y} \leqslant 0 \end{cases} \tag{5.8}$$

（二）$\boldsymbol{\Sigma}_{(1)} \neq \boldsymbol{\Sigma}_{(2)}$ 时的判别方法

当总体协方差阵不等时，可以直接根据样品到两个总体距离的远近进行判别。

$$\begin{aligned} d^2(\boldsymbol{X}, G_i) &= (\boldsymbol{X} - \overline{\boldsymbol{X}}^{(i)})' \boldsymbol{S}_{(i)}^{-1} (\boldsymbol{X} - \overline{\boldsymbol{X}}^{(i)}) \\ &= \boldsymbol{X}' \boldsymbol{S}_{(i)}^{-1} \boldsymbol{X} - 2(\boldsymbol{S}_{(i)}^{-1} \overline{\boldsymbol{X}}^{(i)})' \boldsymbol{X} + (\overline{\boldsymbol{X}}^{(i)})' \boldsymbol{S}_{(i)}^{-1} \overline{\boldsymbol{X}}^{(i)} \end{aligned} \tag{5.9}$$

或者计算 $W(\boldsymbol{X})$，即

$$W(\boldsymbol{X}) = d^2(\boldsymbol{X}, G_2) - d^2(\boldsymbol{X}, G_1) \tag{5.10}$$

容易看出，式（5.10）中的 $W(\boldsymbol{X})$ 不是 $\boldsymbol{X}$ 的线性函数，而是二次函数，因此称为二次判别函数。判别准则同式（5.7）。

如果判别变量只有一个，且假定 $\overline{X}^{(1)} > \overline{X}^{(2)}$，则可以使用式（5.8）给出的判别准则，只是阈值需要调整为 $\overline{y} = \dfrac{\sigma_2 \overline{X}^{(1)} + \sigma_1 \overline{X}^{(2)}}{\sigma_1 + \sigma_2}$，其中 σ_i（$i = 1, 2$）分别为两个总体判别变量的标准差。

三、多个总体的距离判别法

对于 k（$k > 3$）个总体的情况，只需计算样品与各个总体的距离，然后将样品判别到距离最近的那个总体，即如果

$$d^2(\boldsymbol{X}, G_s) = \min_{i=1,2,\cdots,k} d^2(\boldsymbol{X}, G_i) \tag{5.11}$$

则把样品判为属于总体 G_s。

第二节 Fisher 判别法

一、Fisher 判别法的基本思想

在介绍 Fisher 判别法之前，首先介绍典则判别分析的概念。典则判别分析是建立

典则变量代替初始的判别变量。所谓典则变量，是指初始判别变量的线性组合。用少数的典则变量代替多个初始变量，便于描述各类总体之间的关系。例如，在仅有两个典则变量的情况下，可以用散点图直观地表现各类之间的关系。

理论上可以通过对判别变量建立各种线性组合来建立判别函数，但这些函数的判别效力是不同的。判别效力可以理解为组间差异与组内差异的比值，判别效力越大越好。

如何找到这样的判别函数呢？基本思路如下。

仍然记来自总体 G_i 的样本为 $\boldsymbol{X}_{(j)}^{(i)} = (x_{j1}^{(i)},\ x_{j2}^{(i)},\ \cdots,\ x_{jp}^{(i)})'$（$i=1,\ 2,\ \cdots,\ k$；$j=1,\ 2,\ \cdots,\ n_i$），其样本均值由式（5.1）计算得到。样本数据的组间离差矩阵 $\boldsymbol{B}$ 和组内离差矩阵 $\boldsymbol{A}$ 分别为：

$$\boldsymbol{B} = \sum_{i=1}^{k} n_i (\bar{\boldsymbol{X}}^{(i)} - \bar{\boldsymbol{X}})(\bar{\boldsymbol{X}}^{(i)} - \bar{\boldsymbol{X}})' \tag{5.12}$$

$$\boldsymbol{A} = \sum_{i=1}^{k} \sum_{j=1}^{n_i} (\boldsymbol{X}_{(j)}^{(i)} - \bar{\boldsymbol{X}}^{(i)})(\boldsymbol{X}_{(j)}^{(i)} - \bar{\boldsymbol{X}}^{(i)})' \tag{5.13}$$

假定判别变量有 p 个，构造一个判别函数：

$$y(\boldsymbol{X}) = c_1 x_1 + c_2 x_2 + \cdots + c_p x_p = \boldsymbol{c}'\boldsymbol{X} \tag{5.14}$$

式中，$\boldsymbol{c} = (c_1,\ c_2,\ \cdots,\ c_p)'$；$\boldsymbol{X} = (x_1,\ x_2,\ \cdots,\ x_p)'$。

每个总体的数据在判别函数作用后，都成为一元数据。计算这 k 个一元数据的组间平方和（记为 B_0）与组内平方和（记为 A_0），分别为：

$$B_0 = \sum_{i=1}^{k} n_i (\boldsymbol{c}'\bar{\boldsymbol{X}}^{(i)} - \boldsymbol{c}'\bar{\boldsymbol{X}})^2 = \boldsymbol{c}'\Big[\sum_{i=1}^{k} n_i (\bar{\boldsymbol{X}}^{(i)} - \bar{\boldsymbol{X}})(\bar{\boldsymbol{X}}^{(i)} - \bar{\boldsymbol{X}})'\Big]\boldsymbol{c} = \boldsymbol{c}'\boldsymbol{B}\boldsymbol{c}$$

$$\tag{5.15}$$

$$A_0 = \sum_{i=1}^{k} \sum_{j=1}^{n_i} (\boldsymbol{c}'\boldsymbol{X}_{(j)}^{(i)} - \boldsymbol{c}'\bar{\boldsymbol{X}}^{(i)})^2 = \boldsymbol{c}'\Big[\sum_{i=1}^{k} \sum_{j=1}^{n_i} (\boldsymbol{X}_{(j)}^{(i)} - \bar{\boldsymbol{X}}^{(i)})(\boldsymbol{X}_{(j)}^{(i)} - \bar{\boldsymbol{X}}^{(i)})'\Big]\boldsymbol{c} = \boldsymbol{c}'\boldsymbol{A}\boldsymbol{c}$$

$$\tag{5.16}$$

式中，$\bar{\boldsymbol{X}} = \dfrac{1}{n} \sum_{i=1}^{k} \sum_{j=1}^{n_i} \boldsymbol{X}_{(j)}^{(i)}$；$n = \sum_{i=1}^{k} n_i$。

判别函数 $y(\boldsymbol{X})$ 应当使分类后，每类间的区别尽量大，每类内部的离差尽可能小，即系数向量 $\boldsymbol{c}$ 应使得 $\lambda(\boldsymbol{c}) = \dfrac{\boldsymbol{c}'\boldsymbol{B}\boldsymbol{c}}{\boldsymbol{c}'\boldsymbol{A}\boldsymbol{c}}$ 最大。为了使得使 $\lambda(\boldsymbol{c})$ 达到最大的 $\boldsymbol{c}$ 取得唯一解，对 $\boldsymbol{c}$ 增加一个约束条件，即 $\boldsymbol{c}'\boldsymbol{A}\boldsymbol{c} = 1$。综上，Fisher 判别分析是求如下优化问题的解 $\boldsymbol{c}$：

$$\max \lambda(\boldsymbol{c}) = \frac{\boldsymbol{c}'\boldsymbol{B}\boldsymbol{c}}{\boldsymbol{c}'\boldsymbol{A}\boldsymbol{c}}$$

$$\text{s. t. } \boldsymbol{c}'\boldsymbol{A}\boldsymbol{c} = 1 \tag{5.17}$$

可以证明，式（5.17）的最大值 λ 正好是 $A^{-1}B$ 的最大特征值，而 c 正好是与 λ 相对应的特征向量。根据前面对判别效力的定义，λ 正好是判别函数的判别效力。

实际应用中，如果第一判别函数的判别结果不理想，还可以继续寻找第二判别函数、第三判别函数……但判别函数的个数最多不能超过 min（分类数－1，变量数）。还应注意的是，每个判别函数的贡献是不相交的，即第一判别函数对应分组后组间差异与组内差异比值达到最大的线性组合；第二判别函数是与第一判别函数不相关且使分类后的组间差异与组内差异比值达到最大的线性组合，后面的判别函数依此类推。

假设 $A^{-1}B$ 的非 0 特征值的个数为 m（$m \leqslant$ min（分类数－1，原始判别变量个数）），分别为 λ_1，λ_2，$\cdots$，λ_m（$\lambda_1 \geqslant \lambda_2 \geqslant \cdots \geqslant \lambda_m$），就可以构造 m 个判别函数：$y_i(x) = c_{(i)}'x$（$i=1$，2，$\cdots$，m），$c_{(i)}$ 为与 λ_i 对应的特征向量。可以证明，每个判别函数都是正交的。

对于每个判别函数都有一个衡量其判别能力的指标——贡献率。第 i 个判别函数的贡献率为 $\dfrac{\lambda_i}{\sum\limits_{j=1}^{m}\lambda_j}$。在实际应用中，不一定用到所有的判别函数，我们只需要选择累积贡献率达到一定水平（例如 85%）的前几个判别函数就可以了。

二、Fisher 判别准则

下面以两个总体的情况来介绍 Fisher 判别准则。记两个总体的样本均值分别为 $\bar{X}^{(1)}$ 和 $\bar{X}^{(2)}$，新样品判别变量取值为 X。

（一）只有一个判别函数的情形

如果只有一个判别函数，则两个总体的判别函数值分别为 $\bar{y}^{(1)} = c'\bar{X}^{(1)}$ 和 $\bar{y}^{(2)} = c'\bar{X}^{(2)}$。此时可以采取距离判别法中只有一个判别变量情形下的判别准则。如果两总体判别函数值的方差相等，取判别阈值点为：

$$\bar{y} = \frac{1}{2}\left[\bar{y}^{(1)} + \bar{y}^{(2)}\right] \tag{5.18}$$

如果两总体判别函数值的方差不等，取判别阈值点为：

$$\bar{y} = \frac{\hat{\sigma}_1\bar{y}^{(1)} + \hat{\sigma}_1\bar{y}^{(2)}}{\hat{\sigma}_1 + \hat{\sigma}_2} \tag{5.19}$$

式中，$\hat{\sigma}_i^2 = \dfrac{1}{n_i-1}\sum\limits_{j=1}^{n_i}\left[c'X_{(j)}^{(i)} - c'\bar{X}^{(i)}\right]^2$。

（二）多个判别函数的情形

如果有多个判别函数，例如 m（$1 \leqslant m \leqslant p$）个，则 p 元总体的判别问题转化为 m

元总体的判别问题。此时可以采用距离判别法的判别准则进行判别，即式（5.5）或式（5.7）。这里不再赘述。

第三节 Bayes 判别法

无论是距离判别法，还是 Fisher 判别法，都没有考虑不同总体出现的可能性的差异，也没有考虑样品错判造成的损失。Bayes 判别法可以弥补上述两个缺漏，其基本思想是通过比较样品属于各类的后验概率的大小来对样品的归属做出判断。

一、后验概率

如果总体共有 k 类，记第 i 个总体 G_i 出现的先验概率为 $\pi_i (i=1, 2, \cdots, k)$，换言之，$\pi_i$ 是随机抽取一个样品，该样品来自 G_i 的概率。令 $f_i(X) = P(X=x \mid Y=i)$ 表示对于 G_i，判别变量 X 的概率密度函数。根据 Bayes 定理，给定样品 X，其归属于 G_i 的后验概率为：

$$P_i(X) = P(Y=i \mid X=x) = \frac{\pi_i f_i(X)}{\sum\limits_{j=1}^{k} \pi_j f_j(X)} \tag{5.20}$$

一般来说，如果有一个随机样本，则可以用各类样本所占的比例来估计先验概率，也可以利用历史资料或经验进行估计。但是 $f_i(X)$ 的估计比较困难，实际应用中常常为其指定一个较为简单的密度函数形式，例如正态分布。

根据后验概率的判别准则为：如果 $P_i(X) = \max\limits_{j=1,2,\cdots,k} P_j(X)$，则判定样品来自 G_i。

二、错判概率和错判损失

如果样品本来属于 G_i，却被判别为属于 G_j，即出现了错判。所谓错判概率，就是指用判别法 D 把本来属于 G_i 的样品判别为属于 G_j 的概率，记作 $P(j \mid i; D)$。常用的估计错判概率的方法有：

（1）利用样本中的全部样品建立判别准则，然后根据判别准则对样本进行回代判别，计算错判的样品数占样品总数的比例，以此来估计错判概率。

（2）在样本中留一定数量的样品不参加判别准则的建立，这部分样品称为检验集，然后利用样本的其他样品建立判别准则，根据判别准则对检验集的样品进行判别，计算错判的样品数占检验集样品总数的比例，以此来估计错判概率。

（3）在样本中每次留一个样品不参加判别准则的建立，利用其余 $n-1$ 个样品建立判别准则，根据判别准则对留下的样品进行判别。对 n 个样品逐一进行这样的判别后，计算错判的样品数占样品总数的比例，以此来估计错判概率。

将本来属于 G_i 的样品错判为属于 G_j 所带来的损失记作 $L(j \mid i; D)$。错判损失的估计或者根据经验赋值，或者令各种错判损失都相等。

三、Bayes 判别准则

综合先验概率、错判概率以及错判损失之后，判别法 D 的错判平均损失为：

$$L(D) = \sum_{i=1}^{k} \pi_k \sum_{j=1}^{k} P(j \mid i) L(j \mid i) \tag{5.21}$$

Bayes 判别准则是使得判别的平均损失最小。

第四节　逐步判别法

在回归分析中，变量选择的好坏会直接影响回归的效果，在判别分析中也存在同样的问题。一般来说，初始判别变量在判别函数中的作用是不同的，有的意义重大，有的作用很小。将判别能力较小的变量留在函数中会增加计算量，甚至会干扰判别结果。逐步判别法可以帮助我们筛选出有显著判别能力的变量。

逐步判别法的基本思想与逐步回归类似，也是逐个引入变量，每次引入一个判别能力最强的变量，同时对判别式中的老变量逐个进行检验，如果老变量的判别能力随着新变量的引入而不再显著，就把它从判别式中剔除。

变量的判别能力对于逐步判别法至关重要。下面给出变量判别能力的度量方法。

如果所有 p 个初始变量都参与判别分析，记样本的总离差阵为：

$$\boldsymbol{T} = \sum_{i=1}^{k} \sum_{j=1}^{n_i} (\boldsymbol{X}_{(j)}^{(i)} - \bar{\boldsymbol{X}})(\boldsymbol{X}_{(j)}^{(i)} - \bar{\boldsymbol{X}})' \tag{5.22}$$

容易得到 $\boldsymbol{T}=\boldsymbol{A}+\boldsymbol{B}$，其中 $\boldsymbol{A}$ 和 $\boldsymbol{B}$ 分别由式（5.13）和式（5.12）定义。判别分析的效果可以由下式来度量：

$$\Lambda_{(1,2,\cdots,p)} = \left| \frac{\boldsymbol{A}}{\boldsymbol{T}} \right| \tag{5.23}$$

显然，Λ 的值越小，表明利用 p 个初始变量得到的判别效果越好。

如果考虑利用 $p-1$ 个变量（不妨设是 X_1，X_2，$\cdots$，X_{p-1}）所得到的判别效果，有

$$\Lambda_{(1,2,\cdots,p-1)} = \frac{|\boldsymbol{A}_{p-1}|}{|\boldsymbol{T}_{p-1}|} \tag{5.24}$$

记

$$U_{p|(1,2,\cdots,p-1)} = \frac{\Lambda_{(1,2,\cdots,p)}}{\Lambda_{(1,2,\cdots,p-1)}} \tag{5.25}$$

则式（5.25）称为给定 X_1，X_2，$\cdots$，X_{p-1} 时，变量 X_p 的判别能力。显然，式（5.25）的数值越小，变量 X_p 的判别能力越强。类似地，可以定义 X_i 的判别能力为：

$$U_{i|(1,\cdots,i-1,i+1,\cdots,p)} = \frac{\Lambda_{(1,2,\cdots,p)}}{\Lambda_{(1,\cdots,i-1,i+1,\cdots,p)}} \tag{5.26}$$

如果剔除变量 X_i，式（5.26）的分母相对于分子变化不大，则表明变量 X_i 的判别能力弱，可以考虑剔除该变量。

另外，可以从增加变量对判别能力的影响来判断是否有必要增加变量。若已知 r 个变量 X_{i_1}，X_{i_2}，$\cdots$，X_{i_r} 的判别效果显著，其判别能力为 $U_{(i_1,i_2,\cdots,i_r)}$，在此基础上增加一个变量 $X_{i_{r+1}}$ 后，判别能力变为 $U_{(i_1,i_2,\cdots,i_r,i_{r+1})}$，则有

$$U_{i_{r+1}|(i_1,i_2,\cdots,i_r)} = \frac{U_{(i_1,i_2,\cdots,i_r,i_{r+1})}}{U_{(i_1,i_2,\cdots,i_r)}} \tag{5.27}$$

如果增加变量 $X_{i_{r+1}}$ 后，式（5.27）的分子相对于分母没有明显减小，则表明变量 $X_{i_{r+1}}$ 的判别能力弱，没有必要增加到判别分析中。

无论是剔除判别变量还是增加判别变量，都要利用式（5.26）或（5.27）中的统计量进行 F 检验。通常引进变量的 F 值大于剔除变量的 F 值。

逐步筛选出重要的判别变量之后，可以使用前面介绍的各种判别方法来建立判别函数，给出判别准则，最终完成判别分析。

第五节 判别分析的实例分析

下面通过对一个实际例子的分析来了解判别方法的应用。这里采用第四章上市公司分类的例子。在上一章，我们利用四个因子作为聚类变量，通过快速聚类将 32 家上市公司聚为三类。现在，假定任意一家上市公司一定属于三类公司中的一类。我们想通过已知的分类情况和上市公司的数据，建立一个判别标准。通过这个标准，对于一个未知分类的上市公司，只要已知它的 13 个初始变量，得到其四个因子的得分，就可以判断它属于哪一类公司。很明显，这个问题正是判别分析可以解决的。

SPSS 中的判别分析（Discriminant）过程中默认使用的是 Fisher 判别法和 Bayes 判别法，并以前者为主，在指定选项后也可以给出 Bayes 判别法的结果。

一、操作方法

（一）变量选择

按路径"分析"（Analyze）→"分类"（Classify）→"判别"（Discriminant）打开判别分析对话框，如图 5—1 所示。选择四个因子到"自变量"（Independents）框

中，选择类别变量 QCL _ 1 到"分组变量"（Grouping Variable）框中；选中 QCL _ 1，此时"定义范围"（Define Range）按钮加亮，单击这个按钮，在对话框中输入变量 QCL _ 1 的取值范围，在本例中最小值为 1，最大值为 3。

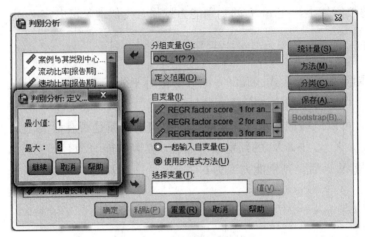

图 5—1　判别分析的变量选择

（二）选择变量进入方式

SPSS 提供两种变量进入判别函数的方式：

（1）"一起输入自变量"（Enter independents together）。这种方法强迫所有变量同时进入判别函数，是系统的默认选择。

（2）"使用步进式方法"（Use stepwise method）。这种方法即逐步判别法，按照所指定的纳入/排除标准，依次引入和剔除变量。

当选择逐步判别法时，主对话框上的"方法"（Method）按钮被激活，用户可以选择进行逐步判别分析时所用的拟合方法。单击"方法"（Method）按钮，就会打开"判别分析：步进法"（Discriminant Analysis：Stepwise Method）对话框，如图 5—2 所示。

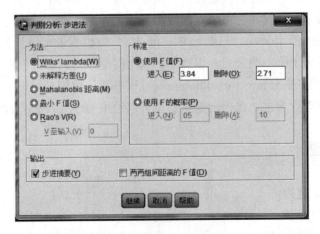

图 5—2　逐步判别方法选择

逐步判别分析所用的拟合方法，系统默认的为 Wilks' lambda 法，该统计量为组内离差平方和与总离差平方和的比值。使用该方法时，系统首先纳入使该统计量减少最多的变量。其他几种方法不是很常用。

"标准"（Criteria）用于设定具体的纳入/排除变量的标准，可使用 F 值或 p 值作为标准，具体数值可以更改。这里使用系统默认的数值。

在"输出"（Display）复选框中选择"步进摘要"（Summary of steps），可以显示每一步所有变量的统计量。如果选中"两两组间距离的 F 值"（F for pairwise distances），则会显示配对距离的 F 值矩阵，此 F 值是马氏距离的显著性检验统计量。

（三）统计量对话框

在图 5—1 中单击"统计量"（Statistics）按钮，弹出如图 5—3 所示的对话框。

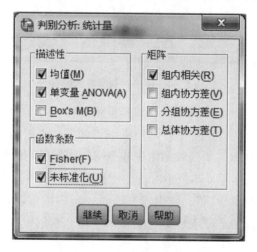

图 5—3 逐步判别统计量的选择

在"描述性"（Descriptives）复选框组中，"均值"（Means）给出自变量的分组及总体平均数与标准差；"单变量 ANOVA"（Univariate ANOVAs）针对所有自变量进行单因素方差分析，看它们在各组间有无差别；"Box's M"进行组间协方差齐性检验，只有该检验 p 值大于显著性水平，也就是说没有足够的证据证明协方差矩阵有差别，才可以进行判别分析。但是从实用角度来说，真正完全满足该方差齐性条件的数据几乎不存在，所以一般不关心它的结果。

在"函数系数"（Function Coefficients）复选框组中，"Fisher"给出 Bayes 判别准则的判别函数；"未标准化"（Unstandardized）给出 Fisher 判别法建立起来的判别函数的未标准化系数，由于可以将实测数据值代入方程中计算概率，该系数使用起来比标准化系数更方便一些。

"矩阵"（Matrices）复选框组主要用于模型拟合优度检验，一般用处不大。这里选择"组内相关"（Within-groups correlation），SPSS 会输出合并组内相关系数矩阵，即结构矩阵。

（四）"分类"子对话框

在图 5—1 中单击"分类"（Classify）按钮，弹出如图 5—4 所示的对话框。

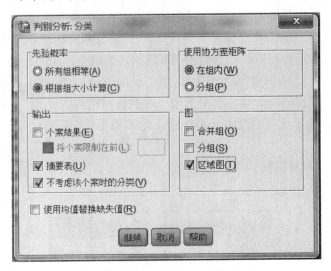

图 5—4　逐步判别分类的选择

"先验概率"（Prior Probability）单选框组选择用于分类的先验概率。"所有组相等"（All groups equal）假设各类先验概率均相等；"根据组大小计算"（Compute from group sizes）则以各组的频率为先验概率。如果所用的样本是从总体中完全随机抽取的，各组样本量在总样本量中所占的比例就代表了各类别在总体的分布比例，则可以选择"根据组大小计算"。使用该方法时一定要慎重，除非很有把握，并且各类别分布比例悬殊，否则最好还是用等概率来计算。本例中 32 家上市公司是随机抽取的，所以选择"根据组大小计算"。

"使用协方差矩阵"（Use Covariance Matrix）单选框组选择计算时所用的协方差阵的种类，可以是默认的组内协方差阵，也可以分别用各组的协方差阵，一般不需要更改。

"输出"（Display）复选框组选择输出的指标。"个案结果"（Casewise results）输出每个样品判别后所属的类别、预测分组后验概率及判别分数，其中"将个案限制在前"（Limit cases to first）输出前 n 条记录的判别结果；"摘要表"（Summary table）输出判别分析正确分组或错误分组的样品数；"不考虑该个案时的分类"（Leave-one-out classification）即交叉验证法。

"图"（Plot）复选框组用于选择可输出的判别图。"合并组"（Combined-groups）绘制前两个判别函数值所有分组的散点图，如果只有一个判别函数，则只绘制直方图；"分组"（Separate-groups）绘制前两个判别函数值每组单独的散点图，如果只有一个判别函数，则只绘制直方图；"区域图"（Territorial map）根据组的分类，绘制各组的重心（centroid）和边界（boundary），如果抽取一个判别函数，则不绘制区域图。

（五）"保存"子对话框

在图 5—1 中单击"保存"（Save）按钮，弹出如图 5—5 所示的对话框。

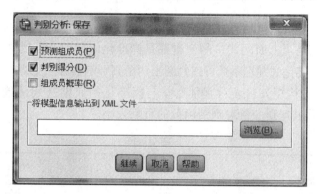

图 5—5　逐步判别保存内容的选择

其中，"预测组成员"（Predicted group membership）将预测样品所属类别保存为新变量；"判别得分"（Discriminant scores）输出各记录的判别函数值；"组成员概率"（Probabilities of group membership）输出样品属于某一类的概率，利用该指标可对具体个案的错判原因作进一步分析。

在 SPSS 的数据编辑器中，切换到"变量视图"（Variable View）模式，在"标签"（Label）那一列可查看新生成变量的相应的含义，如图 5—6 所示。

	名称	类型	宽度	小数	标签	值	缺失	列	对齐	度量标准	角色
24	Dis_1	数值(N)	8	0	用于分析 1 的…	无	无	10	靠右	名义(N)	输入
25	Dis1_1	数值(N)	11	5	用于分析 1 的…	无	无	13	靠右	度量(S)	输入
26	Dis2_1	数值(N)	11	5	用于分析 1 的…	无	无	13	靠右	度量(S)	输入

图 5—6　逐步判别新生成的变量

全部选项设定完毕后，单击"确定"（OK）按钮，SPSS 就开始计算了。

二、分析结果的解释

（一）典则判别法的分析结果

典则判别法，即 Fisher 判别法，是 SPSS 中的默认方法。SPSS 在默认情况下输出的是标准化的判别函数的系数，如表 5—1 所示。由于使用了逐步判别法筛选变量，本例中因子 1 被剔除在外。

表 5—1　　　　　　　　　　标准化的典型判别式函数系数

	函数	
	1	2
REGR factor score 2 for analysis 1	0.931	0.173
REGR factor score 3 for analysis 1	0.369	0.876
REGR factor score 4 for analysis 1	0.736	−0.627

根据表 5—1，我们可以写出两个标准化的典则判别函数：

$$Func1=0.931\times 因子2+0.369\times 因子3+0.736\times 因子4$$
$$Func2=0.173\times 因子2+0.876\times 因子3-0.627\times 因子4$$

需要注意的是，上面两式中的变量都是标准化以后的，虽然这样给计算带来了困难，但是通过标准化的判别系数可以判断出两个判别函数分别受哪些变量的影响较大。

表 5—2 是结构矩阵，表示判别变量与标准化的典则判别函数之间的相关矩阵，由此矩阵可以看出判别变量对判别函数的贡献大小。

表 5—2 结构矩阵

	函数	
	1	2
REGR factor score 2 for analysis 1	0.591*	0.139
REGR factor score 3 for analysis 1	0.236	0.727*
REGR factor score 4 for analysis 1	0.492	−0.541*
REGR factor score 1 for analysis 1[a]	−0.018	−0.123*

判别变量和标准化典型判别式函数之间的汇聚组间相关性。
按函数内相关性的绝对大小排序的变量。
* 每个变量和任意判别式函数间最大的绝对相关性。
a. 该变量不在分析中使用。

如果要输出非标准化的判别函数系数，必须在主对话框中单击"统计量"（Statistics）按钮，在展开的子对话框中的"函数系数"（Function Coefficients）复选框组中选择"未标准化"（Unstandardized）选项。本例中未标准化的判别函数系数如表 5—3 所示。

表 5—3 未标准化的典型判别式函数系数

	函数	
	1	2
REGR factor score 2 for analysis 1	1.544	0.287
REGR factor score 3 for analysis 1	0.698	1.656
REGR factor score 4 for analysis 1	1.527	−1.301
（常量）	−0.329	−0.213

根据表 5—3，我们可以写出未标准化的典则判别函数：

$$Func1=1.544\times 因子2+0.698\times 因子3+1.527\times 因子4-0.329$$
$$Func2=0.287\times 因子2+1.656\times 因子3-1.301\times 因子4-0.213$$

使用以上两式计算时不需要先将原始变量标准化，可直接把样品的数据代入函数式求出它在区域图中的坐标。

表 5—4 是分类结果，"案例的类别号"（Original）表示原始数据的所属组关系，

"预测组成员"（Predicted group membership）表示预测的所属组关系，"交叉验证"（Cross-validated）表示交叉验证的所属组关系。可以看出，判别分析分类与原始样品分类的一致率高达100％，交叉验证的一致率也很高，为93.8％。

表5—4 分类结果[a,c]

| | | 案例的类别号 | 预测组成员 | | | 合计 |
			1	2	3	
初始	计数	1	6	0	0	6
		2	0	11	0	11
		3	0	0	15	15
	%	1	100.0	0.0	0.0	100.0
		2	0.0	100.0	0.0	100.0
		3	0.0	0.0	100.0	100.0
交叉验证[b]	计数	1	6	0	0	6
		2	0	9	2	11
		3	0	0	15	15
	%	1	100.0	0.0	0.0	100.0
		2	0.0	81.8	18.2	100.0
		3	0.0	0.0	100.0	100.0

a. 已对初始分组案例中的100.0％个进行了正确分类。
b. 仅对分析中的案例进行交叉验证。在交叉验证中，每个案例都是按照从该案例以外的所有其他案例派生的函数来分类的。
c. 已对交叉验证分组案例中的93.8％个进行了正确分类。

（二）Bayes判别法的分析结果

使用典则判别函数时需要先计算出坐标值，然后查区域图（Territorial map）或者计算该点离各中心的距离，相当费事。而采用Bayes判别函数就可以直接进行判别。Bayes判别函数又称为Fisher线性判别函数或分类函数。使用"统计量"（Statistics）子对话框中的"函数系数"（Function Coefficients）复选框组中的"Fisher"选项，就可以求得Bayes判别函数的系数，如表5—5所示。

表5—5 分类函数系数

| | 案例的类别号 | | |
	1	2	3
REGR factor score 2 for analysis 1	5.954	0.785	−1.606
REGR factor score 3 for analysis 1	1.984	2.819	−1.741
REGR factor score 4 for analysis 1	6.403	−2.000	−0.753
（常量）	−9.331	−2.480	−1.415

根据表 5—5，可以写出三种分类的判别函数式如下：

第一类：$F_1 = 5.954 \times$ 因子 2 $+ 1.984 \times$ 因子 3 $+ 6.403 \times$ 因子 4 $- 9.331$

第二类：$F_2 = 0.785 \times$ 因子 2 $+ 2.819 \times$ 因子 3 $- 2.000 \times$ 因子 4 $- 2.480$

第三类：$F_3 = -1.606 \times$ 因子 2 $- 1.741 \times$ 因子 3 $- 0.753 \times$ 因子 4 $- 1.415$

使用 Bayes 判别法时，先计算出上市公司的 3 个因子得分，将其代入上述 3 个函数式，得到 3 个函数值。比较这 3 个函数值，哪个值最大，就可以判断被测量的上市公司属于哪类。

（三）逐步判别法分析结果

使用逐步判别法，还需要单击"方法"（Method）按钮，选择利用逐步判别法分析时所用的拟合方法和纳入/排除变量的标准。在本例中，我们在"方法"（Method）单选框中选择"Wilks' Lambda"项，在"标准"（Criteria）单选框中选择"使用 F 值"（Use F value）选项。表 5—6 是逐步判别模型的变量方差分析的结果。

表 5—6　　　　　　　　　　　　进入/剔除的变量的方差分析[a,b,c,d]

步骤	输入的	Wilks 的 Lambda							
		统计量	df1	df2	df3	精确 F			
						统计量	df1	df2	Sig.
1	REGR factor score 2 for analysis 1	0.445	1	2	29.000	18.121	2	29.000	0.000
2	REGR factor score 4 for analysis 1	0.194	2	2	29.000	17.807	4	56.000	0.000
3	REGR factor score 3 for analysis 1	0.099	3	2	29.000	19.570	6	54.000	0.000

在每个步骤中，输入了最小化整体 Wilk 的 Lambda 的变量。

a. 步骤的最大数目是 8。

b. 要输入的最小偏 F 是 3.84。

c. 要删除的最大偏 F 是 2.71。

d. F 级、容差或 VIN 不足以进行进一步计算。

第六节　判别分析的注意事项

判别分析要求判别变量满足如下前提条件：

（1）各个判别变量服从正态分布，且各个判别变量的联合分布是多元正态分布。只有在这个条件下，我们才可以进行有关的显著性检验。

（2）各判别变量不能存在高度的多重共线性。如果存在高度的多重共线性，则判别变量组成的矩阵将不存在逆，判别分析的计算不能进行。

（3）每个变量在各类中的取值应存在显著差异。只有在这个假设成立的条件下，才能通过变量建立有效的判别函数，将各类区分出来。

在判别分析之前进行上述条件的诊断非常重要，如果数据不满足这些前提条件，则分析得到的结果不可信。如果有些变量是定性变量，或者是不服从正态分布的定量变量，则可以采用第九章将要介绍的 logistic 回归进行判别分析。如果某些变量之间存在高度共线性，应考虑剔除其中的若干变量，或者对变量进行主成分分析或因子分析，之后用彼此无关的主成分或因子进行判别分析。如果某些变量在类别之间不存在显著差异，则应考虑剔除这些变量。

此外，对异常值的诊断也是在判别分析之前应当做的工作。

C 第六章
Chapter 6　典型相关分析

在研究变量间的关系时，常用相关系数表示变量间相关程度的强弱。两个变量间的相关性可以用简单相关系数表示，一个变量与多个变量间的相关性可以用复相关系数度量，而多个变量与多个变量也就是两组变量间的关系如何衡量呢？典型相关分析（canonical analysis）正是研究这种两组变量之间总体相互依赖关系的一种多元统计分析方法。目前，典型相关分析广泛地应用于实证研究中，如营销手段与顾客反响之间、个性与职业兴趣之间、经济政策与市场反应之间的相互关系等，并且取得了良好的分析效果。

第一节　典型相关分析概述

一、典型相关分析的基本思想

典型相关分析研究两组变量之间整体的线性相关关系，它是将每一组变量作为一个整体来进行研究，而不是分析两两变量之间的相关关系。所研究的两组变量既可以是一组变量为自变量，另一组变量为因变量，也可以是处于同等地位的变量。需要注意的是，典型相关分析要求两组变量都是定量变量。

典型相关分析的基本思想是：分别构造两组变量的线性组合，使得这两个线性组合之间的相关性能够最好地刻画两组变量之间的相关性。当然，变量间的线性组合可以有多个，所以要约定一定的规则求解。基本想法是：首先求第一对线性组合，使得它们有最大的简单相关系数；然后从与第一对线性组合不相关的线性组合对中挑选有最大相关系数的一对，称为第二对线性组合，依此类推。这样选出的线性组合对就称为典型变量（canonical variables），典型变量之间的简单相关系数就称为典型相关系数（canonical correlations）。

为消除度量不同和数量级不同带来的影响，做典型相关分析前，一般先对原始数据做标准化处理。

在应用典型相关分析时，所提取的典型变量的含义往往不易解释，因此在各种多元统计分析方法中，典型相关分析的应用相对较少。

二、典型变量的求解

记两组变量分别为 $\boldsymbol{X}=(x_1, x_2, \cdots, x_p)'$ 和 $\boldsymbol{Y}=(y_1, y_2, \cdots, y_q)'$。假定 $\boldsymbol{X}$ 和 $\boldsymbol{Y}$ 均已进行了标准化处理，因此协方差等于相关系数。记 $\boldsymbol{Z}=\begin{bmatrix}\boldsymbol{X}\\\boldsymbol{Y}\end{bmatrix}$ 的协方差矩阵为 $\boldsymbol{\Sigma}=\boldsymbol{R}=\begin{bmatrix}\boldsymbol{R}_{XX} & \boldsymbol{R}_{XY}\\\boldsymbol{R}_{YX} & \boldsymbol{R}_{YY}\end{bmatrix}$。

设第一对线性组合典型变量分别为 $u_1=\boldsymbol{b}_1'\boldsymbol{X}$ 和 $t_1=\boldsymbol{a}_1'\boldsymbol{Y}$，其中 $\boldsymbol{a}_1=(a_{11}, a_{21}, \cdots, a_{q1})'$，$\boldsymbol{b}_1=(b_{11}, b_{21}, \cdots, b_{p1})'$。根据典型相关分析的基本思想，第一对典型变量的求解是选择 $\boldsymbol{a}_1$ 和 $\boldsymbol{b}_1$，使得 u_1 和 t_1 的相关系数最大。由于使得 u_1 和 t_1 的相关系数最大的 $\boldsymbol{a}_1$ 和 $\boldsymbol{b}_1$ 并不唯一，因此求解典型变量时需要增加典型变量方差等于 1 的约束。综上，第一对典型变量的求解即求如下优化问题的解：

$$\max r(t_1, u_1) = \frac{Cov(\boldsymbol{b}_1'\boldsymbol{X}, \boldsymbol{a}_1'\boldsymbol{Y})}{\sqrt{Var(\boldsymbol{b}_1'\boldsymbol{X})}\sqrt{Var(\boldsymbol{a}_1'\boldsymbol{Y})}}$$

$$\text{s. t.} \, Var(\boldsymbol{b}_1'\boldsymbol{X})=1$$

$$Var(\boldsymbol{a}_1'\boldsymbol{Y})=1 \tag{6.1}$$

用拉格朗日乘子法，可以求得第一对典型变量的相关系数的平方等于 $\boldsymbol{R}_{XX}^{-1}\boldsymbol{R}_{XY}\boldsymbol{R}_{YY}^{-1}\boldsymbol{R}_{YX}$ 的最大特征值，$\boldsymbol{b}_1$ 是 $\boldsymbol{R}_{XX}^{-1}\boldsymbol{R}_{XY}\boldsymbol{R}_{YY}^{-1}\boldsymbol{R}_{YX}$ 与最大特征值对应的特征向量，$\boldsymbol{a}_1$ 是 $\boldsymbol{R}_{YY}^{-1}\boldsymbol{R}_{YX}\boldsymbol{R}_{XX}^{-1}\boldsymbol{R}_{XY}$ 与最大特征值对应的特征向量。

类似地，第 k 对典型变量的求解是求 $\boldsymbol{R}_{XX}^{-1}\boldsymbol{R}_{XY}\boldsymbol{R}_{YY}^{-1}\boldsymbol{R}_{YX}$ 的第 k 大特征值，以及相应的特征向量的问题。

三、重要指标的统计含义

（一）典型相关系数

典型相关系数就是由两组变量分别得到的两个典型变量之间的简单相关系数，根据计算的规则，典型相关系数的序号越靠前，系数的绝对值就越大，两组观测变量整体间的相关性就越强。由于第一个典型相关系数最大，能解释观测变量的最大变异程度，有时也将其称为两组变量间的典型相关系数。典型相关系数的个数与两组观测变量中变量数较小者相同。

在使用典型相关系数前要检验它们的显著性。从最大的典型相关系数开始，检验所有的相关系数是否为 0，只有统计上显著不为 0 的系数才被认为可以反映两组变量间的关系，可留下来用于分析解释变量间的关系。

检验时，首先假设所有的相关系数均为 0，如果拒绝原假设，就说明至少有一个典型相关系数不为 0，因为第一个典型相关系数最大，异于 0 的可能性也就最大，所以拒绝原假设，就说明第一个典型相关系数是显著的；然后去除第一个典型相关系数，检验剩余的相关系数是否为 0，如果拒绝原假设，就说明第二个典型相关系数是显著的，依此类推，可以检验出所有相关系数的显著性。最终只用通过了显著性检验的相关系数来分析解释变量间的关系。

一般采用巴特莱特（Bartlett）提出的大样本 χ^2 检验。记 $\Lambda = \prod_{i=k}^{\min(p,q)}(1-\lambda_i^2)$，其中 λ_i 为第 i 个典型相关系数。针对原假设 $H_0^{(k)}$：$\lambda_k = 0$（$k = 1，2，\cdots，p$），检验统计量为：

$$Q_k = -\left[(n-k)-\frac{p+q+1}{2}\right]\ln(\Lambda) \tag{6.2}$$

在原假设成立的条件下，$Q_k \sim \chi^2[(p-k+1)(q-k+1)]$。

（二）特征值（eigenvalues）

根据典型变量的求解过程，特征值就是典型相关系数的平方，它随着序号的增大而减小。由于典型变量都是经过标准化的，方差均为 1，所以特征值又可看作一对典型变量间的共同方差（shared variance）。

（三）典型权重（canonical weights）

典型权重就是构造典型变量时观测变量的系数，它代表各个观测变量对典型变量的相对作用大小，它的绝对值越大，表明该观测变量对典型变量的影响就越大。典型权重类似于回归分析中的回归系数，它可以代表观测变量与典型变量间的偏相关关系。总之，它表示的是观测变量对本组典型变量的直接贡献。

（四）典型因子载荷（factor structure or canonical factor loadings）

典型因子载荷是典型变量与本组观测变量间的简单相关系数，其作用类似于因子分析中的因子载荷，可以用来识别典型变量的意义。典型因子载荷的绝对值越大，表明观测变量与典型变量间的相关性越强，典型变量对该观测变量的代表性就越好。它说明的是观测变量对本组典型变量的总影响。

典型权重和典型因子载荷都是说明典型变量与本组观测变量间关系的指标，二者相互联系，但又存在区别。记原始变量 $\boldsymbol{X}$ 与典型变量 $\boldsymbol{u}$ 之间的相关系数为 f，则

$$f = \frac{1}{n-1}\boldsymbol{X}'\boldsymbol{u} = \frac{1}{n-1}\boldsymbol{X}'(\boldsymbol{Xb}) = \boldsymbol{R}_{XX}\boldsymbol{b} \tag{6.3}$$

同理，原始变量 Y 与典型变量 t 之间的相关系数 $g＝\boldsymbol{R}_{YY}\boldsymbol{a}$。

典型权重表示的是观测变量对典型变量的直接影响，而典型因子载荷表示的是观测变量对典型变量的总影响，也就是直接影响和间接影响之和。大多数情况下，两者是一致的，但当本组观测变量间存在高度共线性关系时，会出现典型权重很小甚至接近 0，而典型因子载荷却很大的情况。

（五）提取的方差 （variance extracted）

提取的方差是典型因子载荷的平方，它表示典型变量对本组观测变量变异性的解释程度。由于不同对典型变量之间是独立不相关的，所以它们的方差可以直接累加。某一典型变量对本组所有观测变量提取的方差的平均数就是这个典型变量对本组观测变量提取的方差，将所有典型变量对本组观测变量提取的方差相加就得到典型变量提取的总方差。由于典型变量的对数与两组观测变量中变量个数较少的相同，所以典型变量对观测变量较少组提取的方差就是 100%，而对另一组提取的方差则必小于 100%。

（六）冗余度 （redundancy）

冗余度是提取的方差与特征值（典型相关系数的平方）的乘积。提取的方差表示的是典型变量与本组观测变量的共同方差，特征值表示的是两个典型变量间的共同方差，所以两者的乘积表示的就是一组典型变量与另一组观测变量间的共同方差，也就是一组典型变量对另一组观测变量的平均解释能力。它是说明由典型变量代表的某些观测变量与另一组观测变量整体间相互关系的重要指标。

第二节 典型相关分析的实例分析

本节使用上市公司的数据展示典型相关分析的应用。我们的目的是了解上市公司盈利能力与其增长能力之间的关系。反映盈利能力的指标包括每股收益（profit＿1）、所有者权益收益率（profit＿2）和资产净利润率（profit＿3），反映增长能力的指标包括营业收入增长率（grow＿1）、营业利润增长率（grow＿2）和净利润增长率（grow＿3）。

一、分析步骤

（一）数据导入
本例所用的数据如图 6—1 所示。

	代码	简称	profit_1	profit_2	profit_3	grow_1	grow_2	grow_3
1	000637	茂化实华		1.02	.95	15.32	-83.27	-91.23
2	002399	海普瑞	.78	7.82	7.69	-35.26	-49.21	-48.57
3	300191	潜能恒信	1.06	7.23	11.72	14.47	27.51	27.80
4	300223	北京君正	.90	5.93	9.56	-18.39	-40.12	-27.64
5	002502	骅威股份	.54	5.69	5.70	2.07	9.24	2.29
6	300157	恒泰艾普	.48	4.84	4.86	2.95	28.79	14.23
7	300075	数字政通	.62	5.78	5.79	26.46	-4.84	3.75
8	002575	群兴玩具	.44	6.13	8.87	5.80	-6.71	-9.09
9	002393	力生制药	1.78	11.91	11.93	3.48	47.60	59.67
10	300235	方直科技	.68	8.80	12.85	-7.43	-39.26	-29.53
11	600705	ST航投		.49	.38			-99.50
12	002568	百润股份	.62	7.63	11.64	8.32	7.51	8.28
13	002320	海峡股份	.63	10.90	10.97	7.29	5.89	9.75
14	300204	舒泰神	1.71	9.46	14.74	60.53	87.13	81.32
15	002148	北纬通信	.11	2.56	2.58	5.56	-68.59	-75.52
16	002428	云南锗业	.58	6.82	6.99	54.40	22.28	22.49
17	002581	万昌科技		9.96	14.89	-.33	-6.75	-4.67
18	002414	高德红外	.34	4.25	4.12	-18.72	-26.94	-26.19
19	300085	银之杰	.17	4.04	3.89	4.61	-39.91	-38.68
20	300199	翰宇药业	.87	8.24	12.89	35.88	55.38	52.28
21	300074	华平股份	.51	6.11	5.99	22.23	16.17	4.56
22	300179	四方达	.49	5.49	8.14	-1.66	-27.41	-7.49
23	300206	理邦仪器	.65	5.11	8.02	17.06	-18.64	-10.35

图 6—1　示例数据

(二) 典型相关分析

首先，通过"文件"（File）→"新建"（New）→"语法"（Syntax），打开"语法"（Syntax）窗口写入程序语句，调出典型相关分析模块。

典型相关分析矩阵语法为：

INCLUDE '[SPSS installdir]\Canonical correlation. sps'.

CANCORR SET1＝varlist1 /

　　　　SET2＝varlist2 / .

在 SPSS installdir 中写入 SPSS 安装路径，varlist1，varlist2 中分别为典型相关变量，这里我们在 varlist1 中写入 profit_1 profit_2 profit_3；在 varlist2 中写入 grow_1 grow_2 grow_3。点击"运行"（run），即给出典型相关分析的结果。

需要说明的是，典型相关分析中两组变量的地位是相同的，哪些变量做第一组变量对分析没有实质性影响。

二、分析结果的解释

首先看一下两组变量内部以及两组变量之间的相关关系（见表 6—1）。第一组变量内部相关性较强，相关系数在 0.5~0.8 之间。第二组变量内部相关性相对较弱，相关系数在 0.25~0.45 之间。两组变量之间的相关系数则在 0.15~0.45 之间。

表 6—1　　　　　　　　　　　两组变量内部相关系数

Correlations for Set-1			
	profit_1	profit_2	profit_3
profit_1	1.000 0	0.565 5	0.627 0
profit_2	0.565 5	1.000 0	0.753 6
profit_3	0.627 0	0.753 6	1.000 0

Correlations for Set-2			
	grow _ 1	grow _ 2	grow _ 3
grow _ 1	1. 000 0	0. 275 9	0. 431 2
grow _ 2	0. 275 9	1. 000 0	0. 372 2
grow _ 3	0. 431 2	0. 372 2	1. 000 0
Correlations between Set-1 and Set-2			
	grow _ 1	grow _ 2	grow _ 3
profit _ 1	0. 255 6	0. 165 6	0. 304 1
profit _ 2	0. 291 0	0. 244 5	0. 431 5
profit _ 3	0. 277 7	0. 188 2	0. 357 1

其次来看典型相关分析的结果输出（见表 6—2）。本例中每组都有 3 个变量，所以一共有三个典型相关系数，分别为 0.464，0.081 和 0.013。接着进行典型相关系数是否为 0 的检验。本例中第一典型相关系数的 p 值为 0.000，而第二和第三典型相关系数所对应的 p 值则大于 0.05，因此可以认为只有第一个典型相关系数具有统计显著性。

表 6—2   **典型相关系数**

Canonical Correlations	
1	0. 464
2	0. 081
3	0. 013

Test that remaining correlations are zero：				
	Wilk's	Chi-SQ	DF	Sig.
1	0. 780	243. 069	9. 000	0. 000
2	0. 993	6. 637	4. 000	0. 156
3	1. 000	0. 164	1. 000	0. 686

表 6—3 给出了用原始变量表达的典型变量的系数，以及用标准化变量表达的典型变量的系数。下面按照标准化系数写出第一对典型相关变量：

$$u1 = -0.211 \times profit\_1 - 0.773 \times profit\_2 - 0.112 \times profit\_3$$
$$t1 = -0.298 \times grow\_1 - 0.166 \times grow\_2 - 0.755 \times grow\_3$$

表 6—3   **典型变量的系数**

Standardized Canonical Coefficients for Set-1			
	1	2	3
profit _ 1	−0. 211	0. 699	−1. 082
profit _ 2	−0. 773	−1. 295	−0. 346
profit _ 3	−0. 112	0. 922	1. 349

Raw Canonical Coefficients for Set-1			
	1	2	3
profit_1	−0.395	1.306	−2.023
profit_2	−0.128	−0.215	−0.058
profit_3	−0.023	0.192	0.281
Standardized Canonical Coefficients for Set-2			
	1	2	3
grow_1	−0.298	1.049	−0.251
grow_2	−0.166	−0.442	−0.980
grow_3	−0.755	−0.496	0.727
Raw Canonical Coefficients for Set-2			
	1	2	3
grow_1	−0.011	0.039	−0.009
grow_2	−0.001	−0.004	−0.008
grow_3	−0.012	−0.008	0.012

表 6—4 给出了典型因子载荷。上节已经说明，典型因子载荷实际上就是典型变量与观测变量间的相关系数，它的绝对值越大，两者之间的关系越密切。从表 6—4 可以看出，第一组的典型变量在三个原始变量上都有很大的载荷，说明这三个变量对第一个典型变量的影响都很大；第二组的典型变量虽然在三个原始变量上都有较大的载荷，但是在 grow_3 的载荷尤其高，也就是说，第二组的典型变量主要代表的是 grow_3，即净利润增长率。由此可见，第一对典型变量间的相关性主要是由第一组的三个变量与第二组变量中的 grow_3 的相关引起的。

表 6—4   **典型因子载荷**

Canonical Loadings for Set-1			
	1	2	3
profit_1	−0.719	0.545	−0.432
profit_2	−0.977	−0.205	0.059
profit_3	−0.827	0.384	0.410
Cross Loadings for Set-1			
	1	2	3
profit_1	−0.333	0.044	−0.006
profit_2	−0.453	−0.017	0.001
profit_3	−0.383	0.031	0.005

Canonical Loadings for Set-2			
	1	2	3
grow _ 1	−0.669	0.713	−0.208
grow _ 2	−0.529	−0.337	−0.779
grow _ 3	−0.945	−0.208	0.253
Cross Loadings for Set-2			
	1	2	3
grow _ 1	−0.310	0.058	−0.003
grow _ 2	−0.245	−0.027	−0.010
grow _ 3	−0.438	−0.017	0.003

表 6—5 给出了冗余度信息。从表 6—5 可以看出，第一组典型变量从第一组 3 个变量中平均提取了 71.9% 的方差，它对第一组变量的代表性还是很强的。第一组典型变量的冗余度只有 15.4%，也就是说主要代表净利润增长率的第二组典型变量可以解释第一组 3 个变量的 15.4% 的变异。第二组典型变量从第二组 3 个变量中平均提取了 54% 的变异数。第二组典型变量的冗余度是 11.6%，也就是说第一组典型变量只能解释第二组观测变量的 11.6% 的变异。总的来看，第一对典型变量并不能很好地预测另一组变量。

表 6—5 冗余度分析

Redundancy Analysis：Proportion of Variance of Set-1 Explained by Its Own Can. Var.	
	Prop Var
CV1-1	0.719
CV1-2	0.162
CV1-3	0.119
Proportion of Variance of Set-1 Explained by Opposite Can. Var.	
	Prop Var
CV2-1	0.154
CV2-2	0.001
CV2-3	0.000
Proportion of Variance of Set-2 Explained by Its Own Can. Var.	
	Prop Var
CV2-1	0.540
CV2-2	0.222
CV2-3	0.238
Proportion of Variance of Set-2 Explained by Opposite Can. Var.	
	Prop Var
CV1-1	0.116
CV1-2	0.001
CV1-3	0.000

第三节　典型相关分析的注意事项

在典型相关分析中，对典型相关系数显著性的检验要求两组变量服从联合正态分布，因此在进行典型相关分析之前，应当对变量的正态性进行检验。

由于典型相关分析涉及两组变量，因此变量数众多，容易出现因缺失数据多而导致样本量明显减少的问题。为此，在分析前应当慎重选择变量，或者采取一些缺失数据插补的方法来补足样本量。

C 第七章
Chapter 7 对应分析

在科学研究中，经常会碰到对定性资料做量化分析的问题，比如研究不同性别的顾客对不同品牌商品的喜好，不同职业的人在吸烟行为上的差异等。以往对定性变量的研究，多用非线性统计方法（如 Loglinear 模型）或构造虚拟变量解决，但这些方法很难直观地揭示变量之间的联系以及变量类别之间的关系，当类别较多时，结果更为烦琐。在这种情况下，可以使用对应分析（correspondence analysis）的方法。

在经济、社会的研究中，也经常要处理三种关系，即变量之间的关系、样品之间的关系、变量与样品之间的关系，这时的数据一般是定量数据。比如在对某一行业所属的企业进行经济效益评价时，不仅要研究经济效益变量间的关系，还要将企业按经济效益的好坏进行分类，研究哪些企业与哪些经济效益变量之间的关系更为密切，为企业的生产经营活动提供更多的信息。这就需要一种可以将变量与样品放在一起分类和解释的方法，对应分析方法就是这样一种方法。

第一节 对应分析概述

一、对应分析的基本思想

对应分析是一种描述性、探索性的统计方法，用于分析简单二维及多维表格的行与列之间的对应关系。对应分析利用降维思想，通过分析原始数据结构，以简洁、明了的方式揭示属性变量之间以及属性变量各状态之间的相关关系。对应分析的一大特点就是可以在一张二维图上同时表示出两类属性变量的各种状态，直观地描述原始数据结构。

对应分析的实质是 R 型因子分析和 Q 型因子分析的结合。在第三章介绍因子分析时指出，因子分析根据分析对象的不同分为 R 型因子分析和 Q 型因子分析，分别对变量和样品做因子分析。由于 R 型因子分析和 Q 型因子分析反映一组数据的不同侧面，它们之间必然存在一定的内在联系，对应分析就利用了这种联系。

二、对应分析的步骤

对应分析是通过一个过渡矩阵 $\boldsymbol{Z}$ 将 R 型因子分析和 Q 型因子分析有机结合起来的，其基本步骤如下。

（一）计算数据变换矩阵 $\boldsymbol{Z}$

设有 n 个样品，p 个指标，原始数据记为 $\boldsymbol{X}=(x_{ij})_{n\times p}$。记 $\boldsymbol{X}$ 的第 i（$i=1$，2，…，n）行元素的和为 $x_{i.}$，第 j（$j=1$，2，…，p）列元素的和为 $x_{.j}$，所有元素的总和为 $x_{..}$，对数据 x_{ij} 进行如下变换：

$$z_{ij}=\frac{x_{ij}-\dfrac{x_{i.}\,x_{.j}}{x_{..}}}{\sqrt{x_{i.}\,x_{.j}}} \tag{7.1}$$

从而得到 $\boldsymbol{Z}=(z_{ij})_{n\times p}$。

（二）进行 R 型因子分析

变量间的协方差矩阵为 $\boldsymbol{Z'Z}$。计算矩阵 $\boldsymbol{Z'Z}$ 的特征值 λ_1，λ_2，…，λ_p（$\lambda_1 \geqslant \lambda_2 \geqslant \cdots \geqslant \lambda_p$）。根据累积贡献率（例如 80%）取前 m 个特征值，计算相应的单位特征向量，从而得到 R 型因子载荷矩阵。取 $m=2$，在二维因子轴平面上绘制出指标散点图。

（三）进行 Q 型因子分析

样品间的协方差矩阵为 $\boldsymbol{ZZ'}$。根据矩阵的性质可知，$\boldsymbol{Z'Z}$ 和 $\boldsymbol{ZZ'}$ 的特征值相同。对上面计算出的 m 个特征值，计算矩阵 $\boldsymbol{ZZ'}$ 的单位特征向量，从而得到 Q 型因子载荷矩阵。在与 R 型相应的因子平面上绘制出样品散点图。

（四）进行解释与推断

根据对应分析的原理、方法，针对不同的实际问题，进行合理的分析、解释。

需要注意的是，在处理实际问题时，如果变量间的度量单位不同或数量级相差很大，通常要先进行标准化处理。

三、重要指标的意义

（一）概率（mass）

在对应分析中，为使行列数据有可比性，用行列总和 $x_{..}$（为书写方便，以下记

为 T）去除原始数据矩阵 X（假定 X 的元素 $x_{ij} > 0$，否则，对所有数据同加上一个数，使得条件 $x_{ij} > 0$ 成立）中的每一个元素，即 $p_{ij} = \dfrac{x_{ij}}{T}$。这相当于改变了测量尺度，使变量和样品具有相同比例的大小。

显然，$0 < p_{ij} < 1$，且 $\sum\limits_i \sum\limits_j p_{ij} = 1$。因此，$p_{ij}$ 可解释成每个单元格的"概率"。由此得到一个规格化的"概率"矩阵 $P = (p_{ij})$，在对应分析中也称为对应阵。

将 P 阵的行和、列和分别记作 $p_{i.}$ 和 $p_{.j}$，在对应分析中，它们称为行、列的边缘概率（row mass and column mass）。

（二）卡方值（Chi-square）

如果将 n 个样品看做一个属性的 n 个分类，将 p 个指标看做另一个属性的 p 个分类，则 X 可以视为两个属性的列联表。与在一般的列联表分析中使用的卡方统计量的计算公式相同，X 每个单元格的卡方值为：

$$\chi_{ij}^2 = \frac{\left(x_{ij} - \dfrac{x_{i.} \, x_{.j}}{T}\right)^2}{\dfrac{x_{i.} \, x_{.j}}{T}} \tag{7.2}$$

卡方反映实际观测值与期望值之间的差距。用于检验列联表中两个属性是否独立的统计量是卡方统计量，即

$$\chi^2 = \sum_{i=1}^n \sum_{j=1}^p \chi_{ij}^2 \tag{7.3}$$

如果该值过小，说明行列之间基本是独立的，行列之间是没有关系的，也就没必要进行对应分析了。只有卡方值较大，在统计上显著时，对应分析的结果才有意义。

（三）惯量（inertia）

每个单元的惯量实际上就是过渡矩阵 Z 的元素的平方值，即

$$inertia_{ij} = \frac{\left(x_{ij} - \dfrac{x_{i.} \, x_{.j}}{T}\right)^2}{x_{i.} \, x_{.j}} \tag{7.4}$$

比较式（7.2）和式（7.4）可知，$inertia_{ij} = \chi_{ij}^2 / T$，它也是度量单元格间距离的一种方法。该值越大，说明行列之间的差异就越大。

惯量的作用相当于因子分析中的方差，反映了资料间的变异性。所有的惯量之和是总惯量（total inertia），反映了资料总变异性的大小。

相对惯量（relative inertia）是每个惯量的行和（或列和）与总惯量的比值，反映了每个变量（或样品）对总方差的相对影响大小。

（四）广义奇异值和特征值 (generalized singular values & eigenvalues)

广义奇异值是基于概率（mass）表计算而得的，特征值是广义奇异值的平方。特征值的个数是行列个数中较小者减 1。

与因子分析方法类似，特征值可以解释为相应的维度能解释的数据变异性的部分。第一维度能解释的变异部分最大，随着维度的增加，每个维度能解释的变异部分递减。所有维度能解释的方差之和（也就是特征值之和）与数据总的方差（也就是惯量之和）相等。

对应分析的目的就是将众多数据反映在一个低维空间，通过直观图形反映它们之间的关系。实际分析时，不需要选择所有的维度，只需选择能代表大部分变异性的前几个维度即可。

（五）因子载荷 (coordinate)

与因子分析中因子载荷的作用相似，它反映了相应的行列变量在每个维度中的位置，可以用来区分行列变量的差异。因子载荷也是变量（或样品）在载荷图中的坐标。

（六）余弦平方值 (Cosine)

余弦平方值是某个行（或列）变量能被某个维度解释的部分与被所有维度解释的部分的比例，该值越大，说明行（或列）变量在该维度的变异性越大。

余弦平方值与特征值的作用类似，但它可以反映每个变量或样品被该维度解释的变异程度。与因子分析的共同度作用类似，它可以反映每个变量或样品被某个维度解释的变异程度。它随着选定的维度不同而改变。

（七）品质量 (Quality)

品质量是某个行（或列）变量能被选定的维度解释的部分与被所有维度解释的部分的比例。对于同一变量（或样品），余弦平方值之和就是品质量。当选择所有维度分析时，品质量为 1。

与因子分析的累积共同度作用类似，品质量可以反映每个变量或样品被所有选定维度解释的变异程度。它随着选定的维度个数不同而改变。

第二节　对应分析的实例分析

本节我们分析上市公司股权集中度与其行业类型的关系。其中，股权集中度（concentration）变量是定序尺度的，各个取值的含义如下：1——极高股权集中度，2——较高股权集中度，3——中等股权集中度，4——较低股权集中度；行业类型（classification）变量是定类尺度的，各个取值的含义如下：0——能源，1——原材料,2——工业,3——可选消费,4——主要消费,5——医药卫生,6——金融地产,7——信息技术,8——电信业务,9——公共事业。

一、分析步骤

本例数据如图 7—1 所示。

	代码	简称	classification	concentration
1	601231	环旭电子	7	1
2	300288	朗玛信息	7	1
3	300291	华录百纳	3	1
4	601515	东风股份	2	1
5	300286	安科瑞	2	1
6	002653	海思科	5	1
7	002652	扬子新材	2	1
8	002655	共达电声	7	1
9	300285	国瓷材料	1	1
10	300290	荣科科技	7	1
11	601857	中国石油	0	1
12	300302	同有科技	7	1
13	300299	富春通信	7	1
14	601988	中国银行	6	1
15	601398	工商银行	6	1
16	601939	建设银行	6	1
17	600028	中国石化	0	1
18	600871	S仪化	1	1
19	601628	中国人寿	6	1
20	002269	美邦服饰	3	1
21	601727	上海电气	2	1
22	601998	中信银行	6	1
23	601288	农业银行	6	1

图 7—1 对应分析资料表

依路径"分析"(Analyze)→"降维"(Data Reduction)→"对应分析"(Correspondence Analysis)打开如图 7—2 所示的对话框。将 concentration 和 classification 变量分别添加到"行"(Row)和"列"(Column)下面的矩形框中。

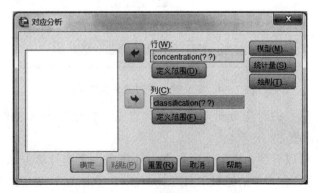

图 7—2 对应分析对话框

点击"行"（Row）下面的"定义范围"（Define Range）按钮，弹出如图 7—3 所示的对话框。

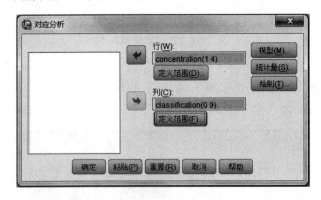

图7—3　"定义范围"按钮对话框

　　点击"更新"（Update）并按"继续"（Continue）按钮，即可完成对行变量的取值区间定义，采用同样的方式可以完成对列变量取值区间的定义，行变量和列变量都定义完成后，对应分析对话框会变成如图 7—4 所示的形式。

图7—4　定义完毕的对应分析对话框

　　在图 7—4 所示的对应分析对话框中，点击"模型"（Model）按钮，弹出如图 7—5 所示的对话框。

　　由图 7—5 可以看到，模型选项包含解的维数、距离计算方法、标准化方法和正态化方法等内容。在"解的维数"（Dimensions in solution）后面的矩形框中可以规定对应分析的维数，最大为 $\min(n, p)-1$，其中 n 和 p 分别为行数和列数，默认为 2，

图 7—5 "模型"按钮选项对话框

此处保留默认值即可。"距离度量"（Distance Measure）对话框中可以规定距离度量方法，默认为卡方距离，也就是加权的欧氏距离，还可以规定用欧氏距离（Euclidean）。在"标准化方法"（Standardization Method）对话框中可以规定标准化方法，若距离的度量使用卡方距离，则应使用默认的标准化方法，即对行与列均进行中心化处理；若选择欧氏距离，则有不同的标准化方法可以选择。"正态化方法"（Normalization Method）选项框中可以规定不同的正态化方法，默认为"对称"（Symmetrical）方法，当分析的目的是考察两变量各状态之间的差异性或相似性时，应选择此方法；当目的是考察两个属性变量之间各状态及同一变量内部各状态之间的差异性时，则应当选择"主要"（Principal）方法；当目的是考察不同行（或列）之间的差异性或相似性时，则应当选择"主要行"（Row principal）或"主要列"（Column principal）。本例中均使用系统默认。

点击图 7—4 中的"统计量"（Statistics）按钮，弹出如图 7—6 所示的对话框。

图 7—6 "统计量"按钮选项对话框

由图 7—6 可以看到，系统默认输出三个统计量："对应表"（Correspondence table）、"行点概览"（Overview of row points）和"列点概览"（Overview of column points）。选择可选项"行轮廓表"（Row profiles）和"列轮廓表"（Column profiles），还可以输出行剖面和列剖面分析结果。选择"置信统计量"（Confidence Statistics for）选项还可以输出相关统计量，对检验对应分析的效果提供参考。

点击图 7—4 中的"绘制"（Plots）按钮，弹出如图 7—7 所示的对话框。

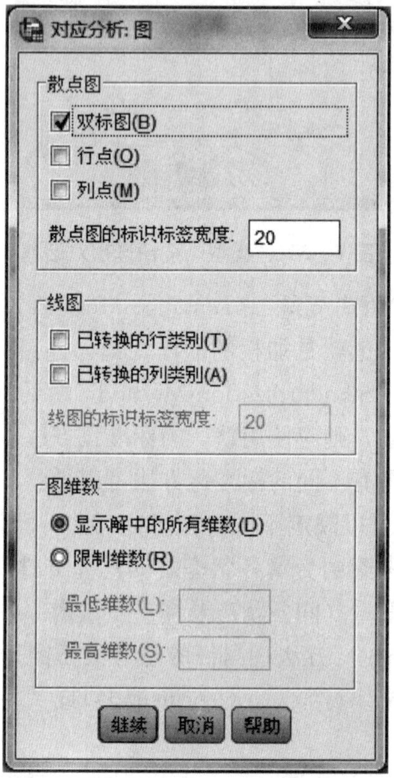

图 7—7   "绘制"按钮选项对话框

由图 7—7 可以看到，在"散点图"（Scatterplots）选项框中，系统默认输出"双标图"（Biplot），即在同一张二维图上同时输出两个属性变量的各个状态。为了考察列联表各行（列）之间的相关程度，有时需要输出仅包括一个变量各种状态参数的二维图，选择"行点"（Row points）和"列点"（Column points）可以实现。此外，"绘制"选项还提供了线图和多维图的输出，选择相应的选项即可实现。

点击图 7—4 中的"确定"（OK）按钮即可输出相应的对应分析结果。

二、分析结果的解释

表 7—1 输出了对应表，显示不同行业上市公司股权集中度的分布。可以看出，大部分行业中的上市公司都处于较高与中等股权集中度的状态，股权极高和较低的情

况比较少见。

表 7—1

对应表

股权集中程度	行业代码										
	能源	原材料	工业	可选消费	主要消费	医药卫生	金融地产	信息技术	电信业务	公共事业	有效边际
极高股权集中度	14	29	52	36	10	8	25	22	3	10	209
较高股权集中度	41	246	366	215	99	94	92	176	43	40	1 412
中等股权集中度	7	114	124	110	35	40	58	41	15	21	565
较低股权集中度	4	28	24	19	14	13	21	8	2	3	136
有效边际	66	417	566	380	158	155	196	247	63	74	2 322

由摘要表（见表 7—2）可知，维度 1 与维度 2 的惯量分别为 0.018，0.011，惯量的比例表明各维度对信息解释的百分比，分别为 53.4%，32.8%，说明二维图形可以较为充分地表现两变量间的信息距离。

表 7—2

摘要表

维数	奇异值	惯量	卡方	Sig.	惯量比例		置信奇异值	
					解释	累积	标准差	相关
								2
1	0.134	0.018			0.534	0.534	0.020	−0.030
2	0.105	0.011			0.328	0.862	0.025	
3	0.068	0.005			0.138	1.000		
总计		0.033	77.616	0.000[a]	1.000	1.000		

a. 27 自由度。

从行点概述和列点概述（见表 7—3 和表 7—4）可以看出，两个维度对点惯量的贡献率的总数绝大部分都超过了 60%，说明二维图形可以较好地表示变量中各分类间的信息。

表 7—3

行点概述[a]

股权集中程度	质量	维中的得分		惯量	贡献				
		1	2		点对维惯量		维对点惯量		
					1	2	1	2	总计
极高股权集中度	0.090	0.008	−1.014	0.010	0.000	0.884	0.000	0.988	0.988

续前表

股权集中程度	质量	维中的得分		惯量	贡献				
					点对维惯量		维对点惯量		
		1	2		1	2	1	2	总计
较高股权集中度	0.608	−0.264	0.089	0.006	0.316	0.046	0.898	0.081	0.978
中等股权集中度	0.243	0.453	0.170	0.009	0.375	0.067	0.753	0.083	0.836
较低股权集中度	0.059	0.840	−0.075	0.008	0.309	0.003	0.653	0.004	0.657
有效总计	1.000			0.033	1.000	1.000			

a. 对称标准化。

表 7—4　　　　　　　　　　列点概述[a]

行业代码	质量	维中的得分		惯量	贡献				
					点对维惯量		维对点惯量		
		1	2		1	2	1	2	总计
能源	0.028	−0.471	−1.395	0.007	0.047	0.528	0.122	0.837	0.959
原材料	0.180	0.190	0.225	0.002	0.049	0.087	0.477	0.523	1.000
工业	0.244	−0.260	−0.013	0.002	0.123	0.000	0.964	0.002	0.966
可选消费	0.164	0.187	−0.001	0.002	0.043	0.000	0.352	0.000	0.352
主要消费	0.068	0.077	0.218	0.002	0.003	0.031	0.030	0.192	0.222
医药卫生	0.067	0.210	0.376	0.002	0.022	0.090	0.209	0.526	0.734
金融地产	0.084	0.760	−0.431	0.008	0.365	0.150	0.780	0.197	0.976
信息技术	0.106	−0.633	−0.009	0.006	0.319	0.000	0.988	0.000	0.988
电信业务	0.027	−0.336	0.484	0.001	0.023	0.061	0.363	0.593	0.956
公共事业	0.032	0.160	−0.416	0.001	0.006	0.053	0.081	0.427	0.508
有效总计	1.000			0.033	1.000	1.000			

a. 对称标准化。

列点与行点的散点图如图 7—8 所示。行点和列点的散点图可以显示不同变量各分类值的位置关系，可用来观察各分类点的距离。由图 7—8 可以看到，与表 7—1 所揭示的情况一样，大多数行业上市公司倾向于"较高股权集中"，距离"中等股权集中"也较近。不过，与表 7—1 相比，图 7—8 更为直观地揭示了不同行业的差别。例如，工业、信息技术和电信业务等三个行业与"较高股权集中"更为接近，金融地产与"较低股权集中"较为接近，而能源则与"极高股权集中"非常接近。

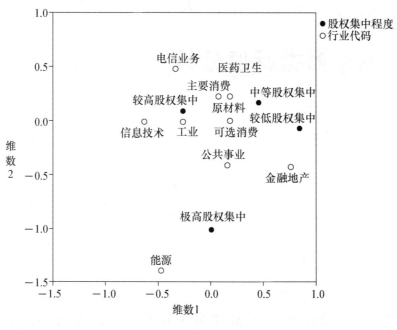

图7—8 列点与行点散点图

第三节 对应分析的注意事项

在对应分析中，需要注意如下几个问题：

第一，对应分析不能用于相关关系的假设检验，它只能揭示变量间的联系，是一种描述性的统计方法，因此统计的显著性水平没有多大参考价值。如果想定量地分析变量间的联系，还要用 Loglinear 等其他统计方法。

第二，维度要由研究者决定。与因子分析相同，对应分析也是一种降维的方法，在分析过程中，需要几个维度解释还要由研究人员自己决定。由于二维作图方便，直观易懂，实际中选用二维的情况比较多。

第三，对应分析对异常值敏感。

第四，研究的样品要有可比性，多元对应分析中的变量类别应涵盖研究所需的所有情况。

第五，在解释图形变量类别间的关系时，要注意所选择的数据标准化方式，不同的标准化方式会导致类别在图形上的分布不同。

C 第八章
Chapter 8 多维标度分析

　　在研究中，常常得到相当复杂的数据表格，如何用最直观简洁的方法解释数据中所隐藏的内在联系、规律或趋势是统计分析的一个重要问题。多维标度分析（multidimensional scaling，MDS）正是解决这一问题的方法，它是探索和观察多维数据的强有力工具，目前已广泛应用于各个领域，特别是市场研究领域。总的来说，多维标度分析就是以一种简洁、易于解释的形式提供对信息的直观表示，深入探索内在的联系和模型，比用数字表格解释更为简单。

第一节　多维标度分析概述

一、多维标度分析的基本思想

　　多维标度分析是探索研究事物之间相似（或不相似）程度的一种专用技术，这种相似（或不相似）程度可在低维空间中用点与点之间的距离表示出来，并有可能帮助我们识别出那些影响事物间相似性的未知变量或因素。

　　多维标度分析与Q型因子分析类似，都是为了识别潜在的有意义的维度，使得研究者能够解释样品之间的相似性或不相似性。二者的区别在于：在因子分析中，样品之间的相似性是用相似系数矩阵表示的；在多维标度分析中，研究者可以分析任何形式的相似矩阵或不相似矩阵，因为距离测度可以通过任何途径获得，这也是多维标度分析的优点之一。很多时候，多维标度分析并不是针对Q型因子分析所使用的原始数据进行分析，而是直接对某种距离矩阵进行分析。例如，在多维标度分析中，受访者需要回答不同品牌之间如何相似，然后研究者可以从这些问题中得到想要的结果，而受访者却不知道研究者的真正目的。

多维标度分析与聚类分析都是分析样品的相似性,二者的区别在于:多维标度分析在连续的空间表达个体,而聚类分析则以离散的非空间形式表达个体;多维标度分析给出定距尺度的结果,用以确定个体在低维空间的坐标,而聚类分析给出定类尺度的结果,用以区分个体的属类。

二、分析过程

(一)数值型多维标度分析

对于数值型数据 $\boldsymbol{X}=(\boldsymbol{x}^{(1)},\ \boldsymbol{x}^{(2)},\ \cdots,\ \boldsymbol{x}^{(n)})'$,其中 $\boldsymbol{x}^{(i)}=(x_{i1},\ x_{i2},\ \cdots,\ x_{ip})'(i=1,\ 2,\ \cdots,\ n)$ 为第 i 个样品、有 p 个变量的数据。对于 $\boldsymbol{X}$,可以根据多种方式计算样品间距离,例如欧氏距离或马氏距离。记距离阵为 $\boldsymbol{D}$,即

$$D=\begin{bmatrix} 0 & d_{12} & \cdots & d_{1n} \\ d_{12} & 0 & \cdots & d_{2n} \\ \vdots & \vdots & & \vdots \\ d_{1n} & d_{2n} & \cdots & 0 \end{bmatrix} \tag{8.1}$$

数值型多维标度分析的目标是确定样品在 r 维空间的坐标。如果 $r=1$,2 或 3,可将样品绘制成图,从而观察样品之间的相似性。由于每个样品的绝对坐标未知,可以任选样品 i 作为坐标原点,然后将其他 $n-1$ 个样品定位。

对于任意两点 j 和 k,其距离的平方为:

$$d_{jk}^2=d_{ij}^2+d_{ik}^2-2d_{ij}d_{ik}\cos\theta \tag{8.2}$$

即 $\frac{1}{2}(d_{jk}^2-d_{ij}^2-d_{ik}^2)=d_{ij}d_{ik}\cos\theta$。根据 $d_{ij}=\|\boldsymbol{x}_j\|$,$d_{ik}=\|\boldsymbol{x}_k\|$ 以及 $\boldsymbol{x}_j'\boldsymbol{x}_k=\|\boldsymbol{x}_j\|\|\boldsymbol{x}_k\|\cos\theta$,有

$$\frac{1}{2}(d_{jk}^2-d_{ij}^2-d_{ik}^2)=\boldsymbol{x}_j'\boldsymbol{x}_k \tag{8.3}$$

建立一个 $(n-1)\times(n-1)$ 维的矩阵 $\boldsymbol{B}(i)$,其元素为:

$$b_{jk}(i)=-\frac{1}{2}(d_{jk}^2-d_{ij}^2-d_{ik}^2) \tag{8.4}$$

因此 $\boldsymbol{B}(i)=\boldsymbol{X}_i\boldsymbol{X}_i'$。由于 $\boldsymbol{B}(i)$ 为对称阵,因此可以进行谱分解 $\boldsymbol{B}(i)=\boldsymbol{U}_i\boldsymbol{\Lambda}_i\boldsymbol{U}_i'$,从而有

$$\boldsymbol{X}_i=\boldsymbol{U}_i\boldsymbol{\Lambda}_i^{1/2} \tag{8.5}$$

提取前 r 个特征值及相应的特征向量,就可以得到每个样品在 r 维坐标系内的坐标,从而绘制成图。

为了克服原点选择不当造成的偏差,可以选取数据中心作为原点。具体做法是首

先计算平方距离，记平方距离阵为 $A=(a_{ij})_{n\times n}$，其中

$$a_{ij}=-\frac{1}{2}d_{ij}^2 \tag{8.6}$$

然后对 A 进行双向（行和列）中心化，记中心化的距离阵为 $B=(b_{ij})_{n\times n}$，其中

$$b_{ij}=a_{ij}-(\bar{a}_{i.}-\bar{a}_{..})-(\bar{a}_{.j}-\bar{a}_{..})-\bar{a}_{..}=a_{ij}-\bar{a}_{i.}-\bar{a}_{.j}+\bar{a}_{..} \tag{8.7}$$

式中，$\bar{a}_{i.}$，$\bar{a}_{.j}$ 和 $\bar{a}_{..}$ 分别为矩阵 A 的行均值、列均值以及总均值。

对 B 进行谱分解，提取前 r 个特征值及相应的特征向量，就可以得到每个样品在 r 维坐标系内的坐标。

（二）非数值型多维标度分析

对于非数值型数据，距离矩阵常常是根据受访者对样品相似程度的判断或评价而得到的。此时，受访者能够判断两个对象孰优孰劣，但是无法给出精确的差异程度。

非数值数据距离矩阵的一种构造方法是：对于任意两个评价对象 i 和 j，如果 $F_i=F_j$，即两个对象处于同一个组内，受访者 k 认为这两个对象是相似的，则将它们之间的距离记为 $D_{ijk}=0$；如果 $F_i\neq F_j$，则将它们之间的距离记为 $D_{ijk}=1$。于是可以得到受访者 k 对研究对象之间的相似性评价，不妨记这个矩阵为 $D_k=(D_{ijk})$。对于所有 n 个受访者，将受访者的距离矩阵相加作为总体的距离矩阵。根据矩阵的构造方法，很容易看出这个矩阵是一个对称矩阵，并且满足 $D_{ii}=0$。

对于非数值型数据的多维标度分析是一个迭代过程，其基本步骤是：首先确定维数 r 和每个样品的初始位置，初始位置可以根据数值型多维标度分析的结果来确定；然后依据一定准则修正位置，修正的目标是样品在 r 维空间的距离与原始相似矩阵尽可能相近。

三、重要指标的统计含义

（一）接近程度

接近程度（proximities）是表示事物的相似或不相似程度的值。常用各种距离和相似系数来表示接近程度，与聚类分析中所用的统计量类似。

（二）空间图

空间图（spatial map）又称为感知图（perception map），它可以用图形直观地展示各个样品之间的相似程度。通过反复的迭代计算，可以使图形中点与点之间的分布结构与原始数据所表示的事物之间的距离或相似系数尽可能一致。

（三）拟合优度和 Kruskal 压力指数

拟合优度（goodness-of-fit）用于判断迭代算法对模型的拟合程度，多维标度分

析就是按照使拟合优度达到最大的准则来确定点的空间位置的。

一般用克鲁斯卡尔（Kruskal）提出的标准化残差平方和（standardized residual sum of square，STRESS），也称压力指数，来衡量拟合优度的大小。Kruskal 压力指数（Kruskal's stress index）的计算公式为：

$$STRESS = \sqrt{\frac{\sum\limits_{i=1}^{n}\sum\limits_{j=1}^{n}(d_{ij}-\hat{d}_{ij})^2}{\sum\limits_{i=1}^{n}\sum\limits_{j=1}^{n}d_{ij}^2}} \tag{8.8}$$

式中，d_{ij} 和 $\hat{d}_{ij}$ 分别为观察到的距离和多维标度分析估计的距离。

克鲁斯卡尔建议根据以下准则判断拟合优度：

STRESS	拟合优度
20%	差
10%	一般
5%	好
2.5%	非常好
0	完美

第二节　多维标度分析的实例分析

本节我们继续使用在聚类分析中使用的 32 家上市公司的数据进行多维标度分析，变量仍然采用 4 个因子得分。

一、分析步骤

（一）输入数据

我们首先在"分析"（Analyze）→"相关"（Correlate）→"距离"（Distances）的路径下计算出 32 家公司的欧氏距离阵，然后通过"文件"（File）→"新建"（New）→"语法"（Syntax），打开"语法"（Syntax）窗口写入程序语句，导入距离阵。语法为：

```
MATRIX DATA VARIABLES=C1 to C32
/FORMAT=LOWER DIAGONAL
/CONTENTS=PROX.
BEGIN DATA
0
1. 687   0
1. 408   0. 639   0
```

……

END DATA.

其中，VARIABLES 将公司名称定义为 C1～C32；FORMAT＝LOWER DIAGONAL 规定数据是下三角阵，可以看到，数据的对角线为 0；CONTENTS＝PROX 指明数据的内容是距离阵。点击"运行"（run），即导入距离阵。

本例所用的距离阵如图 8—1 所示。

	ROWTYPE_	VARNAME_	C1	C2	C3	C4	C5	C6	C7	C8	C9
1	PROX	C1	.0000	1.6870	1.4080	1.9130	1.1840	3.0160	1.7400	.8480	1.1300
2	PROX	C2	1.6870	.0000	.6390	.4680	1.7310	2.6140	.9930	1.5880	1.3310
3	PROX	C3	1.4080	.6390	.0000	.7830	1.1530	2.9700	1.2650	1.2600	.7510
4	PROX	C4	1.9130	.4680	.7830	.0000	1.7460	3.0380	.8170	1.5950	1.3660
5	PROX	C5	1.1840	1.7310	1.1530	1.7460	.0000	3.8040	1.8500	.8250	.4070
6	PROX	C6	3.0160	2.6140	2.9700	3.0380	3.8040	.0000	3.1720	3.5750	3.4900
7	PROX	C7	1.7400	.9930	1.2650	.8170	1.8500	3.1720	.0000	1.3310	1.5520
8	PROX	C8	.8480	1.5880	1.2600	1.5950	.8250	3.5750	1.3310	.0000	.8060
9	PROX	C9	1.1300	1.3310	.7510	1.3660	.4070	3.4900	1.5520	.8060	.0000
10	PROX	C10	1.5970	2.6330	2.0380	2.7470	1.0760	4.2090	2.8620	1.6640	1.3910
11	PROX	C11	.7990	1.0960	.6500	1.2690	.7900	3.0440	1.3800	.7750	.4860
12	PROX	C12	1.1070	2.0890	1.5240	2.1730	.5040	3.8740	2.2160	1.0150	.8230
13	PROX	C13	1.4040	2.4080	1.8180	2.5300	.8920	4.0090	2.6500	1.4790	1.1820
14	PROX	C14	1.2100	.9940	.4220	1.1200	.7880	3.1320	1.4030	.9700	.3950
15	PROX	C15	1.6170	1.0000	1.4280	1.3450	2.2550	1.9260	1.2670	1.8430	1.9130
16	PROX	C16	1.2040	.7840	.4580	.8200	1.0160	3.1150	.9910	.8860	.6400
17	PROX	C17	1.0080	1.7980	1.2350	1.8820	.3380	3.6690	1.9620	.8630	.5450
18	PROX	C18	1.8060	3.1510	3.0340	3.2560	4.0660	.0660	2.6590	1.9420	2.6750
19	PROX	C19	1.9240	2.1310	2.4450	2.4010	2.9220	2.1050	1.9700	2.2970	2.6870
20	PROX	C20	1.5900	2.2180	2.0670	2.2090	1.6760	4.1240	1.5210	.9660	1.7030
21	PROX	C21	2.2800	1.1280	1.6820	1.4350	2.7160	1.7650	1.6310	2.4330	2.3290
22	PROX	C22	.7950	2.1870	1.7600	2.4150	1.2150	3.3650	2.3810	1.2960	1.3110
23	PROX	C23	1.3010	.9020	.4790	.9300	.9620	3.1980	1.1920	.9890	.5860

图 8—1　多维标度分析资料表

（二）选择变量

依路径"分析"（Analyze）→"尺度"（Scale）→"多维尺度 ALSCAL"（Multidimensional Scaling（ALSCAL））打开多维标度分析对话框，如图 8—2 所示。选择所有的公司参与分析。只有当"距离"（Distances）选择"从数据创建数据"（Create distances from data）时，才选择"单个矩阵"（Individual Matrices for）。由于本例已经是距离资料，不用再选择此项。

图 8—2　多维标度分析对话框

（三）"模型"（Model）选项

打开"模型"（Model）选项，确定变量的数据类型、数据的维数以及距离计算方法。本例中数据为定距数据，因此选择"区间"（Interval）变量。维数选择 2 维，距离为欧氏距离，如图 8—3 所示。

图 8—3　多维标度分析的"模型"对话框

（四）"选项"（Options）选项

这个选项是为了设置多维标度分析的起始结构和迭代数目，如图 8—4 所示。"S 应力收敛性"（S-stress convergence）的默认值为 0.001。当某一次迭代与下一次迭代间 S-stress 的增量小于或等于 0.001 时，则停止迭代。"最大迭代"（Maximum iterations）默认为 30，迭代次数越多，其结果越精确，但计算时间越长。"将小于 n 的距离看作缺失值"（Treat distances less than n as missing）一般默认为 0，即如果处理距离的值小于指定的值，均视为缺失值，分析时将被剔除。

图 8—4　多维标度分析的"选项"对话框

在 8—2 所示的对话框中点击"确定"（OK）按钮，即可输出分析结果。

二、分析结果的解释

多维标度分析是一种用有效的方式重新排列样品的方法，最终的目的是要得到一个最近似观测距离的结构。程序实质上把样品（变量）移到要求的维数空间内，同时检验这种新的结构是否合理。从方法上讲，采用最速下降法不断迭代，最后得到理想的结果。图 8—5 给出了通过不断迭代，最终确定最好结果的是第 30 次迭代。

Alscal Procedure Options

Maximum Iterations	30
Convergence Criterion	.00100
Minimum S-stress	.00500
Missing Data Estimated by	Ulbounds

图 8—5 运行过程信息

图 8—6 给出了压力指数的信息。由图 8—6 可以看出，最终的压力指数为 0.160 65，虽然不是很好，但是没有超过 0.2，拟合优度一般。

Stress and squared correlation（RSQ）in distances

RSQ values are the proportion of variance of the scaled data（disparities）

in the partition（row, matrix, or entire data）which

is accounted for by their corresponding distances.

Stress values are Kruskal's stress formula 1.

For matrix

Stress = .16065   RSQ = .89274

图 8—6 压力指数

"最终结构"（Configuration）给出各个样品在所提取维度上的坐标，如图 8—7 所示。可以根据这个数据表绘图，从而得到数据的直观结构。

最终，通过多维标度分析可以绘制的二维结构图如图 8—8 所示，这是多维标度分析最重要的结果之一。注意，多维标度的散点图对坐标的方向是没有要求的，即旋转坐标轴对结果的解释没有任何影响。可以看出，32 家上市公司分布在四个象限中，因此根据多维标度的结果，可以将公司清楚地分为四种类型。

最后，SPSS 还可以绘制实际距离（distances，距离）和拟合距离（disparities，值）的散点图，如图 8—9 所示。由图 8—9 可以看到，散点基本落在 45°直线附近，表明分析效果比较理想。

Stimulus Coordinates

Dimension

Stimulus Number	Stimulus Name	1	2
1	C1	.3128	.0973
2	C2	-1.0142	.0337
3	C3	-.1295	-.4348
4	C4	-.8957	.7792
5	C5	1.1291	-.0950
6	C6	-3.1864	-1.0837
7	C7	-.6365	1.2256
8	C8	.6141	.5536
9	C9	.6967	-.1516
10	C10	1.8174	-.8207
11	C11	.1895	-.1313
12	C12	1.2905	-.2937
13	C13	1.5551	-.7452
14	C14	.2479	-.3001
15	C15	-1.4235	.2029
16	C16	.0253	.1536
17	C17	.9892	-.2655
18	C18	.7355	2.3750
19	C19	-1.9302	.9947
20	C20	.7828	1.5592
21	C21	-2.0455	-.0629
22	C22	.8740	-.6302
23	C23	.1547	-.0521
24	C24	.0360	.7434
25	C25	.0185	1.7854
26	C26	-.0747	-.3894
27	C27	.8484	.0610
28	C28	-1.2254	-1.4785
29	C29	.7933	-1.1730
30	C30	-1.1723	-.5332
31	C31	.4295	-.7090
32	C32	.1935	-1.2146

图 8—7　最终结构

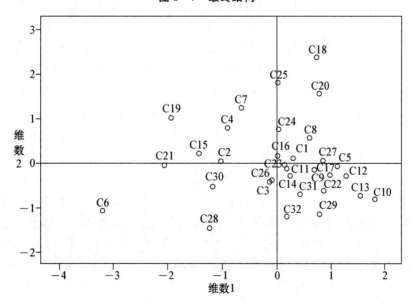

图 8—8　最终二维结构图

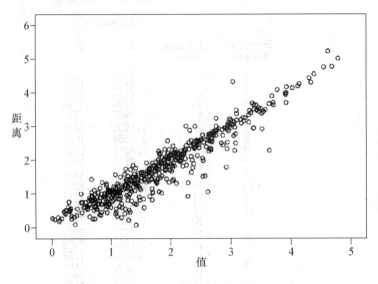

图 8—9　线性拟合的散点图

第三节　多维标度分析的注意事项

本章介绍的多维标度分析只使用了一个距离矩阵。在实际分析中，有时会要求多个个体对不同的对象进行评价，这样，每个人会给出不同对象之间的一个距离矩阵。在这种情况下，多维标度分析可以有三种不同的做法：第一种方法是对每个人给出的距离矩阵分别进行多维标度分析，这种方法假定每个受访者都有不同的属性空间；第二种方法是对所有受访者给出的距离矩阵求平均后得到一个汇总的距离矩阵，然后基于这一距离矩阵进行多维标度分析；第三种方法是假定每个对象在属性空间中有确定的位置，每个受访者在评价对象相似性时对各个属性的重视程度不同，从而造成评价不同，这种方法同时估计对象在属性空间的位置和不同受访者对属性赋予的权数。第三种方法称为个体差异多维标度分析（individual differences multidimensional scaling，INDSCAL）。如果研究者希望了解不同受访者观念的差异，应采用第一种方法；如果希望了解共性的观念，则应采用后两种方法。其中，第二种方法显然是一种简单但粗糙的做法，而第三种方法则更为可取。

SPSS 提供了 INDSCAL 的分析功能。执行 INDSCAL 需要输入多个个体的距离矩阵（或相似矩阵），只要将每个个体的距离矩阵依次堆栈起来即可。在多维尺度分析对话框中点开"模型"（Model）对话框，在"度量模型"（Scaling Model）选项中选中"个别差异 Euclidean 距离"（Individual differences Euclidean distance），即可执行 INDSCAL 分析，如图 8—10 所示。

图 8—10　INDSCAL 选项

C 第九章
Chapter 9 广义线性模型

广义线性模型的起源很早，早在 1919 年费希尔（Fisher）就曾使用过它。1972年内尔德（Nelder）和韦德伯恩（Wedderburn）在一篇论文中引进了"广义线性模型"一词，自此研究工作逐渐增加，现今广义线性模型已经在生物、医学、经济和社会数据的统计分析上有十分广泛的应用。本章将对广义线性模型做一个简要的介绍，出于本书的应用目的，不涉及模型中的数学推导和测度解释。

第一节　广义线性模型概述

一、线性模型与广义线性模型

线性模型可能是统计方法中应用最为广泛的，线性回归、方差分析等统计方法都是十分常见的线性模型，线性模型是统计方法中帮助研究工作者总结经验的重要手段。

线性模型的表示有两种常见方法。第一种方法是将因变量 y 的具体取值表达为自变量 x 与随机误差项 ε 的函数，即

$$y_i = \beta_0 + \beta_1 x_{i1} + \cdots + \beta_k x_{ik} + \varepsilon_i, \ i = 1, 2, \cdots, n \tag{9.1}$$

式中，β_0，β_1，$\cdots$，β_k 是未知参数；ε_i 独立同分布于 $N(0, \sigma^2)$，σ^2 未知；$(y_i, x_{i1}, \cdots, x_{ik})$ $(i = 1, 2, \cdots, n)$ 为已知的观测值。

第二种方法是直接将因变量 y 的数学期望 $E(y)$ 表达为自变量的函数，即

$$\begin{cases} E(\boldsymbol{y} | \boldsymbol{X}) = \boldsymbol{X\beta} \\ Var(\boldsymbol{y} | \boldsymbol{X}) = \sigma^2 \mathbf{I}_n \end{cases} \tag{9.2}$$

式中，y 服从正态分布；$\mathbf{I}_n$ 为 n 维单位阵。

　　两种表示方法不同，但内容是一样的，都反映了自变量 x_1，x_2，$\cdots$，x_k 与因变量 y 之间的关系，都是通过观测资料（y_i，x_{i1}，$\cdots$，x_{ik}）（$i=1$，2，$\cdots$，n）来探讨 x_1，x_2，$\cdots$，x_k 与 y 之间是否存在某种关系，自变量 x_1，x_2，$\cdots$，x_k 的变化在多大程度上对 y 的值有影响，哪些自变量是重要的、哪些不重要等问题。这些问题在前面的回归分析中已经讨论过。

　　以上形式的模型称为经典线性模型，常用的方差分析和多元回归等均属于经典的线性模型，这些模型在数理统计学中发展较早、理论基础丰富，而且应用性很强。然而，这些线性模型建立在下面几个假设的基础之上：

　　（1）y 服从正态分布；

　　（2）ε_i 的均值都为零，即 $E(\varepsilon_i)=0$（$i=1$，2，$\cdots$，n）；

　　（3）ε_i 等方差，即 $Var(\varepsilon_i)=\sigma^2$（$i=1$，$2$，$\cdots$，$n$）；

　　（4）ε_i 之间相互独立，即 $Cov(\varepsilon_i,\varepsilon_j)=0$（$i\neq j$）。

　　在实际研究中，我们所遇到的数据并不总是具有上述性质，这就大大限制了经典线性模型的应用。广义线性模型所做的就是将以上这些限制条件放宽，使模型能适用于更普遍的情况。

　　首先，广义线性模型把因变量 y 服从正态分布这一条件放宽为服从指数分布族中的分布，这样，常见的二项分布、泊松分布和伽玛分布等许多分布都包含其中，正态分布只是一个特例而已。在这种情况下，y 不仅可以取连续值，也可以取离散值，且在现实应用中的很多情况下都是离散值。

　　其次，如果我们用 μ 来表示 y 的期望值 $E(y)$，由式（9.2）可以看到，传统的线性模型要求 μ 是 x_1，x_2，$\cdots$，x_k 的线性函数，即

$$E(y)=\mu=\mathbf{X}\boldsymbol{\beta} \tag{9.3}$$

　　在广义线性模型中将这个条件也放宽，令 $E(y)=\mu=h(\mathbf{X}\boldsymbol{\beta})$，$h$ 是一严格单调、充分光滑的函数。h 已知，称 h 的反函数 $g=h^{-1}$ 为联系函数（link function）。有

$$g(\mu)=\mathbf{X}\boldsymbol{\beta} \tag{9.4}$$

　　由于以上两个条件的放宽，等方差的条件自然也放宽了，独立性仍然保持，而方差是可以改变的。由此，广义线性模型就可以容纳通常的 logistic 回归、对数线性模型等模型了，而传统的线性模型只是其中的一个特例。

二、联系函数与哑变量

（一）联系函数

　　联系函数是广义线性模型中相当重要的概念。以对某种产品的市场占有率 p 的分析为例。影响 p 的因素有很多，如产品自身的价格、替代产品的价格、产品性能、售

后服务，等等，以这些因素为自变量，占有率 p 可以写成诸因素的一个函数：

$$p=p(x_1, x_2, \cdots, x_k) \tag{9.5}$$

显然，函数 $p(x_1, x_2, \cdots, x_k)$ 不可能是 $x_1, x_2, \cdots, x_k$ 的线性函数 $\beta_0+\beta_1x_1+\cdots+\beta_kx_k$，因为线性函数的取值范围可以是 $-\infty$ 到 $+\infty$，而从市场占有率的概念可知 p 的取值范围在 $0\sim1$ 之间。如果用 $\beta_0+\beta_1x_1+\cdots+\beta_kx_k$ 去测算 p，有可能得到 $p<0$ 或 $p>1$ 的结果，此时会因结果不合理而难以解释。

对于这种情况，可以考虑采用广义线性模型来分析。根据实际调查数据可计算某一产品的占有率 $y_i=\dfrac{r_i}{n_i}$，其数学期望就是 p_i，即

$$E(y_i)=E\left(\frac{r_i}{n_i}\right)=p_i \tag{9.6}$$

用广义线性模型方法找一个联系函数 g，使得 $g(p_i)$ 可以表示成 $x_1, x_2, \cdots, x_k$ 的线性函数。例如，取 Logit 变换 $g(p_i)=\ln\dfrac{p_i}{1-p_i}$，就可以把 $(0, 1)$ 内取值的 p_i 变为在 $(-\infty, \infty)$ 取值的 $g(p_i)$，此时再用 $x_1, x_2, \cdots, x_k$ 的线性函数预测 $g(p_i)$ 就不会有问题了，即

$$g(p)=\ln\frac{p}{1-p}=\boldsymbol{X\beta} \tag{9.7}$$

然后再变换为 $p=\mathrm{e}^{\boldsymbol{X\beta}}/(1+\mathrm{e}^{\boldsymbol{X\beta}})$，即可得到 p 与 x 的关系。

从上面的例子可以看到，广义线性模型通过联系函数使得无法用线性表示的 p 用 $x_1, x_2, \cdots, x_k$ 的线性函数来表示。

常见的联系函数有以下几种：

（1）取 $h(t)=\dfrac{\mathrm{e}^t}{1+\mathrm{e}^t}$，则联系函数 $g(\mu)=\ln\dfrac{\mu}{1-\mu}$，这就是上面采用的 Logit 变换。该联系函数所对应的模型称为 Logit 模型。

（2）取 $h(t)=\Phi(t)$，则联系函数 $g(\mu)=\Phi^{-1}(\mu)$，其中 $\Phi(t)$ 为 $N(0, 1)$ 分布函数，即 $\Phi(t)=\dfrac{1}{\sqrt{2\pi}}\displaystyle\int_{-\infty}^{t}\mathrm{e}^{-\frac{x^2}{2}}\mathrm{d}x$。该联系函数所对应的模型称为 Probit 模型。

（3）取 $h(t)=1-\exp(-\mathrm{e}^t)$，则联系函数 $g(\mu)=\ln[-\ln(1-\mu)]$，该联系函数所对应的模型称为 Log-log 模型。

（4）取 $h(t)=\mathrm{e}^t$，则联系函数 $g(\mu)=\ln\mu$，该联系函数所对应的模型称为对数线性泊松模型。

（二）哑（虚拟）变量（dummy variable）

在实际研究中，我们常常碰到这种情况：自变量或因变量有 k 个状态。我们可以用数字 $1, 2, \cdots, k$ 来标识它，但不可用于计算，因为它们没有数量意义。此时的解

决办法是引进哑变量。

比如研究人们的收入水平时，受教育程度是一个重要的自变量，设有 k 种受教育程度（如文盲、小学、初中、高中、大学及以上），需要引入哑变量 X_1，X_2，$\cdots$，X_{k-1}，其中：

$$X_r = \begin{cases} 1, \text{第 } r \text{ 种受教育程度} \\ 0, \text{其他} \end{cases}, r=1,2,\cdots,k-1$$

对于受教育程度为第 k 种的情况，$X_1 = X_2 = \cdots = X_{k-1} = 0$。

假设研究中只包括"受教育程度"这个自变量，因变量 Y 为收入，则模型为：

$$E(Y) = \beta_0 + \beta_1 X_1 + \beta_2 X_2 + \cdots + \beta_{k-1} X_{k-1}$$

于是

$$E(Y \mid \text{第 } r \text{ 种受教育程度}) = \beta_0 + \beta_r, r=1,2,\cdots,k-1$$
$$E(Y \mid \text{第 } k \text{ 种受教育程度}) = \beta_0$$

可以看到，用这种方式定义哑变量是以状态 k 为标准，β_r 衡量了因变量在自变量取状态 r 时超出状态 k 的值。

另外，对于因变量 y，同样也会面对这种情况：y 取 k（$k \geqslant 3$）个状态之一。用同样的方法，对于因变量引入 $\boldsymbol{y} = (y_1, y_2, \cdots, y_{k-1})$，其中：

$$y_r = \begin{cases} 1, \text{样品处于第 } r \text{ 种状态} \\ 0, \text{其他} \end{cases}, r=1,2,\cdots,k-1$$

可知 $\boldsymbol{y}$ 共有 k 个取值：

$$\boldsymbol{a}_1 = (1,0,\cdots,0); \cdots; \boldsymbol{a}_r = (0,0,\cdots,1,0,\cdots,0); \cdots; \boldsymbol{a}_k = (0,0,\cdots,0)$$

$\boldsymbol{y} = \boldsymbol{a}_j$ 表示 $\boldsymbol{y}$ 处于状态 j（$j=1, 2, \cdots, k$）。

三、常见的广义线性模型问题

我们知道，广义线性模型是对经典线性模型的扩展，它不仅将回归分析、方差分析等经典模型包含在内，还可以处理很多用经典线性模型难以解决的问题，本节将通过一些例子对实际中较为常见的问题的建模做一些简单介绍。

(一) 多重选择问题

现实中一种常见的情况是：人们面临有限种决策，可以自由选择其中之一，选择哪一种则是根据本人及选择对象的条件依自己的判断而定。目标变量是选择结果，而自己和选择对象的条件则为自变量。

例如，人们日常出行的交通方式可以有以下几种：步行、骑自行车、乘坐公共交通工具、打车以及自驾车。目标变量是在这五种方式之中选择一种。如果再细分下去，自行车分为人力自行车和电动自行车，公共交通工具分为公共汽车和地铁等，则目标变量存在更多的状态。假定所有人都可能在这些方式中进行选择，则每个人都会根据自己的条件和这些交通方式的条件做出不同选择。

假定对于一个具体的选择者，选择上面不同的交通方式会有不同的效用 U_1，U_2，$\cdots$，U_k，且有

$$U_r = u_r + \varepsilon_r, \quad r = 1, 2, \cdots, k \tag{9.8}$$

式中，u_r 为选择者选择第 r 种状态的固定效用，或者称真实效用。常用的效用函数为自变量的线性函数，即 $u_r = X\beta_r$。然而，选择者对于 u_r 并不能完全确定，或者说选择者对 u_r 的了解还存在一些随机误差，这些随机误差由独立同分布的 ε_1，ε_2，$\cdots$，ε_k 加以反映。

选择者根据"U 值最大"的原则来挑选不同状态，即

$$
\begin{aligned}
P(Y = r) &= P(U_r - U_1 \geqslant 0, U_r - U_2 \geqslant 0, \cdots, U_r - U_k \geqslant 0) \\
&= P(\varepsilon_1 \leqslant u_r - u_1 + \varepsilon_r, \varepsilon_2 \leqslant u_r - u_2 + \varepsilon_r, \cdots, \varepsilon_k \leqslant u_r - u_k + \varepsilon_r) \\
&= \int_{-\infty}^{\infty} \prod_{s \neq r} F(u_r - u_s + \varepsilon_r) f(\varepsilon) \mathrm{d}\varepsilon
\end{aligned}
\tag{9.9}
$$

式中，F 为 ε_r 的分布函数；$f(t) = \mathrm{d}F(t)/\mathrm{d}t$，表示 ε_r 的概率密度。

选取不同的分布函数 F，可以得到不同的模型。例如，令 F 为 Φ，就可以得到多元 Probit 模型。

（二）状态有序的情况

在上面讨论多种选择问题所举的交通方式的例子中，步行、骑自行车、乘坐公共交通工具、打车以及自驾车等状态，可以认为是"无序"的。因为选择哪种状态因人而异，并没有一个公认的优劣次序。然而在有些问题中，目标状态有公认的优劣次序，比如不同的满意程度：非常满意、比较满意、不太满意、非常不满意。

多数有序模型按下述机制产生：有一个或几个（这里只考虑一个的情形）明显或潜在的变量 U。目标变量 $Y \in \{1, 2, \cdots, k\}$ 的等级由下式而定：

$$Y = r \Leftrightarrow \theta_{r-1} < U \leqslant \theta_r, \quad r = 1, 2, \cdots, k \tag{9.10}$$

式中，θ_1，θ_2，$\cdots$，θ_{k-1} 为门限值（threshold），$-\infty = \theta_0 < \theta_1 < \cdots < \theta_{k-1} < \theta_k = \infty$，也就是说，目标变量 Y 的分级情况由变量 U 和门限值 θ_1，θ_2，$\cdots$，θ_{k-1} 确定。

分析的目的是希望考察一些因素（自变量）对 Y 值的影响，于是可以设定：

$$U = -x'\beta + \varepsilon \tag{9.11}$$

式中，x 为自变量，与 U 有线性关系；$\beta = (\beta_1, \beta_2, \cdots, \beta_p)'$ 为系数向量；ε 为随机误差项，其分布函数为 F。由此可得

$$P(Y \leqslant r | \boldsymbol{x}) = P(U \leqslant \theta_r | \boldsymbol{x}) = P(\varepsilon \leqslant \theta_r + \boldsymbol{x}'\boldsymbol{\beta}) = F(\theta_r + \boldsymbol{x}'\boldsymbol{\beta}) \tag{9.12}$$

由于等式左边 $P(Y \leqslant r | \boldsymbol{x}) = P(Y=1 | \boldsymbol{x}) + P(Y=2 | \boldsymbol{x}) + \cdots + P(Y=r | \boldsymbol{x})$，所以模型（9.12）通常称为具有分布函数 F 的累积线性模型。

同样，选择不同的 F，可以得到不同的模型，这里仅列举两个例子。

1. logistic 分布模型

取 $F(t) = 1/[1+\exp(-t)]$，于是累积 logistic 模型有以下形式：

$$P(Y \leqslant r | \boldsymbol{x}) = \frac{\exp(\theta_r + \boldsymbol{x}'\boldsymbol{\beta})}{1+\exp(\theta_r + \boldsymbol{x}'\boldsymbol{\beta})}, \ r=1,2,\cdots,k-1 \tag{9.13}$$

由式（9.13）可得

$$\ln \frac{P(Y \leqslant r | \boldsymbol{x})}{P(Y > r | \boldsymbol{x})} = \theta_r + \boldsymbol{x}'\boldsymbol{\beta}$$

或

$$\frac{P(Y \leqslant r | \boldsymbol{x})}{P(Y > r | \boldsymbol{x})} = \exp(\theta_r + \boldsymbol{x}'\boldsymbol{\beta})$$

2. 分组 cox 模型

取 F 为极小值分布 $F(t) = 1 - \exp[-\exp(t)]$，可以得到

$$P(Y \leqslant r | \boldsymbol{x}) = 1 - \exp[-\exp(\theta_r + \boldsymbol{x}'\boldsymbol{\beta})], \ r=1,2,\cdots,k-1 \tag{9.14}$$

由式（9.14）可得

$$\ln[-\ln P(Y > r | \boldsymbol{x})] = \theta_r + \boldsymbol{x}'\boldsymbol{\beta}, \ r=1,2,\cdots,k-1$$

（三）序贯模型

在有些问题中，目标的各状态排成一个自然次序，一个对象从状态 1 开始，可能最终停留在这个状态，也可能上升到状态 2。一般，在对象进入状态 r 后，它可能最终保持在 r 或上升到 $r+1$。当然，状态也可能反过来一直从高往低过渡，对象进入 r 后，最终保持在 r 或下降到 $r-1$。我们认为这种类型的数据集中存在序贯机制。

与状态有序模型一样，利用潜变量 U（可能是一个或多个）以及门限值 θ，可以确定 Y 的状态。对于状态由低到高的序贯模型，有

$$Y=1 \Leftrightarrow U_1 \leqslant \theta_1$$
$$Y=2 | Y \geqslant 2 \Leftrightarrow U_2 \leqslant \theta_2$$
$$\vdots$$
$$Y=r | Y \geqslant r \Leftrightarrow U_r \leqslant \theta_r$$

也就是说，如果 $U_1 \leqslant \theta_1$，则 Y 为状态 1，否则 $Y \geqslant 2$；然后再逐一查看潜变量 $U_2, \cdots, U_r$ 来确定 Y 的状态。

同样，$U_r = -\boldsymbol{x}'\boldsymbol{\beta} + \varepsilon_r$，其中，$\varepsilon_r$ 为分布函数为 F 的随机误差项。不同的 F 也可以得到不同的模型。

（四）计数模型

在有些问题中，因变量的取值为非负整数，例如一年内发生的交通事故次数、保险索赔次数、到医院就诊次数等。对于这种问题，虽然也可以建立一般的线性模型进行分析，但是由于线性模型拟合的因变量可以为负值，因此最好的选择是建立广义线性模型。常用的是对数线性泊松模型。

如果因变量服从泊松分布，其概率分布为：

$$P(y=y_i)=e^{-\mu_i}\mu_i^{y_i}/y_i! \tag{9.15}$$

取联系函数 $g(\mu)=\ln\mu=X\beta$，即得到对数线性泊松模型。

四、广义线性模型的参数估计和检验问题

（一）参数估计方法

广义线性模型的参数估计通常采用极大似然估计（MLE）。由广义线性模型的假设，Y_i 为指数分布族，于是 Y_i 的分布的典则形式为：

$$f(y_i)=\exp\left[\frac{y_i\theta_i-b(\theta_i)}{a_i(\phi)}+c(y_i,\phi)\right],\ i=1,2,\cdots,n \tag{9.16}$$

式中，ϕ 是冗余参数；$a(\phi)$，$b(\theta)$ 和 $c(y,\phi)$ 是已知的函数。

若联系函数使得 $\theta_i=g(X_i'\beta)$，则称该联系函数为典则联系函数。于是可以得到对数似然函数：

$$L=\sum_{i=1}^{n}\ln c(y_i)+\sum_{i=1}^{n}\left[y_i\theta_i-b(\theta_i)\right] \tag{9.17}$$

β 的 MLE 就是要找到 $\beta=\hat{\beta}_n$，使 L 达到最大。

（二）假设检验

这里考虑 y 为一维时的检验，多维情况类似。广义线性模型中的假设检验常见为线性假设，即

$$H_0: C\beta^0=\alpha,\ H_1: C\beta^0\neq\alpha$$

式中，β^0 为 p 维参数真值；C 为已知的 $r\times p$ 常数矩阵，为行满秩。

对于上述假设，可以采用似然比检验或 Wald 检验。似然比检验的统计量为：

$$\lambda=-2\left[L(\tilde{\beta}_n)-L(\hat{\beta}_n)\right] \tag{9.18}$$

式中，$\hat{\beta}_n$ 为 β^0 的极大似然估计；$\tilde{\beta}_n$ 为在 H_0 约束下 β^0 的极大似然估计。

当原假设 H_0 成立时，有 $\lambda\sim\chi^2(r)$，可以得到 H_0 的显著性水平为 α 的拒绝域：

$\lambda > \chi_\alpha^2(r)$。

Wald 检验的统计量为：

$$\omega = (C\hat{\boldsymbol{\beta}}_n - \boldsymbol{\alpha})'(C\hat{\boldsymbol{\Lambda}}_n^{-1}C')^{-1}(C\hat{\boldsymbol{\beta}}_n - \boldsymbol{\alpha}) \tag{9.19}$$

式中，$\hat{\boldsymbol{\beta}}_n$ 为 $\boldsymbol{\beta}^0$ 的极大似然估计；$\hat{\boldsymbol{\Lambda}}_n$ 为 $\hat{\boldsymbol{\beta}}_n$ 的协方差阵的估计。

当原假设 H_0 成立时有 $\omega \sim \chi^2(r)$，可以得到 H_0 的显著性水平为 α 拒绝域：$\omega > \chi_\alpha^2(r)$。

第二节　广义线性模型的实例分析

本节以对上市公司财务风险的分析为例，介绍利用 SPSS 软件做广义线性模型分析的步骤和结果解释。

一、分析步骤

本例使用的样本数据包括 175 家上市公司，其中，将 ST 公司视为有财务风险（$y=1$），共 85 家，其他公司视为无财务风险（$y=0$）。

自变量有 6 个，分别是流动比率（x_1）、速动比率（x_2）、现金流动负债比率（x_3）、所有者权益收益率（x_4）、营业收入增长率（x_5）和每股现金流（x_6）。本例的数据如图 9—1 所示。

	代码	简称	x1	x2	x3	x4	x5	x6	y	XBPredicted	PredictedValue	StdDeviance Residual	XBPredicted_1	Pred u
84	600681	ST万鸿	.21	.20	8.4	143.73	154.40	.00	1	1.443	0	.657	-1.443	
85	600870	ST厦华	.61	.50	17.3	-1.68	-24.20	1.30	1	-.669	1	1.502	.669	
86	600769	ST祥龙	.25	.19	8.1	-94.78	6.56	-.11	1	1.407	0	.666	-1.407	
87	000955	ST欣龙	.68	.56	46.1	-14.92	-1.73	.14	1	.882	0	.838	-.882	
88	600793	ST宜纸	.56	.43	40.1	148.27	-24.96	-.11	1	1.226	0	.723	-1.226	
89	000018	ST中冠A	1.27	1.26	123.6	-14.81	5.34	.03	1	1.118	0	.761	-1.118	
90	000505	ST珠江	.72	.56	6.7	-12.31	-66.02	-.18	1	1.101	0	.763	-1.101	
91	002635	安洁科技	9.96	9.23	706.8	9.61	69.34	.37	0	-2.944	1	-.327	2.944	
92	300155	安居宝	14.06	13.23	1212.8	5.80	4.04	.26	0	-3.667	1	-.233	3.667	
93	000868	安凯客车	1.31	1.11	71.0	7.98	18.51	.87	0	-.410	1	-1.020	.410	
94	300286	安科瑞	5.52	4.61	196.2	28.01	22.10	.58	0	-2.701	1	-.365	2.701	
95	300009	安科生物	7.13	6.83	443.7	11.47	17.54	.04	0	-1.215	1	-.746	1.215	
96	300218	安利股份	1.93	1.40	127.1	7.90	16.08	.09	0	-.044	1	-1.169	.044	
97	002235	安妮股份	1.67	1.35	50.3	1.52	-2.48	.42	0	-.221	1	-1.092	.221	
98	300067	安诺其	16.92	13.75	995.6	4.39	24.58	-.14	0	-8.482	1	-.020	8.482	
99	600298	安琪酵母	1.41	.89	40.7	12.58	19.27	.45	0	-.465	1	-.994	.465	
100	600408	安泰集团	1.23	.92	34.0	-13.87	11.38	.15	0	.313	0	-1.319	-.313	
101	000969	安泰科技	2.07	1.36	48.6	9.24	28.54	.16	0	-.645	1	-.926	.645	
102	600816	安信信托	1.51	1.50	115.1	35.32	60.43	.38	0	.557	0	-1.435	-.557	
103	600569	安阳钢铁	.95	.55	27.7	.32	5.20	1.84	0	-1.933	1	-.531	1.933	
104	600397	安源煤业	.45	.34	8.2	4.84	26.26	.13	0	.942	0	-1.604	-.942	
105	000898	鞍钢股份	.77	.38	6.4	-4.46	-2.17	.65	0	-.325	1	-1.052	.325	

图 9—1　上市公司财务风险示例数据

由于因变量是 0—1 分类变量，因此应采用广义线性模型进行分析。依路径"分析"（Analyze）→"广义线性模型"（Generalized Linear Models）→"广义线性模型"（Generalized Linear Models），打开广义线性模型分析对话框，如图 9—2 所示。

图 9—2　广义线性模型对话框

首先点击"响应"（Response）标签，出现如图 9—3 所示的对话框，选择 y 作为因变量。点开"参考类别"（Reference Category）选项，将"第一个值（最低值）"（First（lowest value））（本例中即 $y=0$）作为参考类别。

图 9—3　选择因变量

点击"模型类型"（Type of Model），在如图 9—4 所示的对话框中设定因变量的分布以及联系函数，本例中选择"二元 logistic"（Binary logistic）。

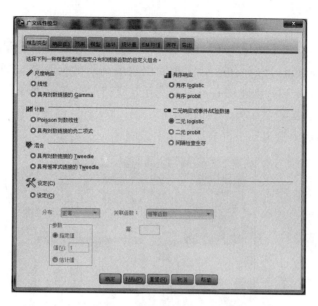

图 9—4 选择联系函数

点击"预测"（Predictors）标签，在如图 9—5 所示的对话框中选择自变量。"因子"（Factors）是分类自变量，可以是数值，也可以是字符串。"协变量"（Covari-ates）是定量变量，必须为数值。"偏移量"（Offset）是"结构化"自变量，模型不估计该变量的系数，而是假定其数值为 1，因此偏移量只是简单地加到因变量的线性预测变量中。偏移量在每个个体对于被观察事件都可能具有不同表现水平的泊松回归模型中特别有用。

图 9—5 选择自变量

由于本例中的 6 个自变量都是定量变量，因此全部作为协变量，没有偏移量。

点击"模型"（Model）标签，结果如图 9—6 所示。点击"类型"（Type）可以指定模型效应。"主效应"（Main effects）为每个选定的自变量创建主效应项；"交互"（Interaction）为所有选定自变量创建最高阶的交互项，即所有变量全部相乘；"因子"（Factorial）创建所有可能的交互效应和主效应；"所有二阶"（All 2-way）创建所有可能的二阶交互项；"所有三阶"（All 3-way）创建所有可能的三阶交互项，以此类推。本例中只为 6 个自变量创建主效应。

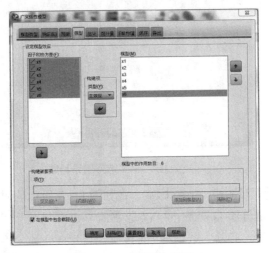

图 9—6　"模型"选项

在"估计"（Estimation）选项卡中指定参数估计方法，在"统计量"（Statistics）选项卡中指定分析过程中生成的各种统计量，在"EM 均值"（EM Means）选项卡中指定用于显示因子水平和因子交互作用的估计边际均值。本例中使用了这几个选项卡的默认选项。

点击"保存"（Save）标签，可以指定需要保存的变量。本例中勾选预测类别、线性预测的预测值以及标准化偏差残差，如图 9—7 所示。

图 9—7　"保存"选项

二、分析结果的解释

表 9—1 显示的是拟合优度，它给出了体现模型拟合情况的一些统计量。另外，离差（Deviance）和 Pearson 卡方统计量的统计值/自由度给出了尺度参数的相应估计。

表 9—1   拟合优度[a]

	值	df	统计值/自由度
离差	181.958	168	1.083
调整的离差	181.958	168	
Pearson 卡方	1 194.882	168	7.112
调整的 Pearson 卡方	1 194.882	168	
对数似然[b]	−90.979		
Akaike 信息准则（AIC）	195.958		
AICC 准则	196.628		
BIC 准则	218.111		
CAIC 准则	225.111		

因变量：y
模型：（截距），x1，x2，x3，x4，x5，x6
a. 信息标准采用少而精的形式。
b. 将显示完全的对数似然，并在计算信息标准时使用该函数。

表 9—2 是当前模型与只有截距项模型相比较的一个似然比检验，属于模型整体的显著性检验。可以看到，Sig. 值接近于 0，表示该模型是有意义的。

表 9—2   总体检验[a]

似然比卡方	df	Sig.
60.501	6	0.000

因变量：y
模型：（截距），x1，x2，x3，x4，x5，x6
a. 将拟合模型与仅截距模型进行比较。

表 9—3 显示的是模型效应检验的结果，是对模型中每个效应的显著性检验。从表 9—3 中可以看出，x_1，x_2 和 x_6 的主效应对模型有显著贡献，而 x_3，x_4 和 x_5 的主效应对模型没有显著贡献。

表 9—3   模型效应检验

源	类型 III		
	Wald 卡方	df	Sig.
（截距）	21.652	1	0.000
$x1$	15.494	1	0.000

续前表

源	类型 Ⅲ		
	Wald 卡方	df	Sig.
$x2$	6.957	1	0.008
$x3$	0.371	1	0.542
$x4$	0.198	1	0.656
$x5$	0.225	1	0.636
$x6$	14.579	1	0.000

因变量：y
模型：（截距），x1，x2，x3，x4，x5，x6

表 9—4 是参数估计表，该表总结了每个变量的估计及其检验。需要注意的是，广义线性模型从本质上讲属于非线性模型，对系数含义的解释不像一般的线性模型那样直观。在本例中使用了 Logit 联系函数，因此每个系数的含义是：自变量每变动一个单位，对数优势比（即因变量取 1 的概率与取 0 的概率之比的对数）变动的幅度。如果某个自变量的系数为正值，表示随着该变量数值的增大，上市公司发生财务风险的可能性加大。由表 9—4 可以看到，在对因变量有显著影响的 x_1，x_2 和 x_6 中，x_1 和 x_6 的系数为负，而 x_2 的系数为正，可知提高流动比率和每股经营现金流会降低财务风险。

表 9—4　　　　　　　　　　　　　参数估计

参数	B	标准 误差	95% Wald 置信区间		假设检验		
			下限	上限	Wald 卡方	df	Sig.
（截距）	1.449	0.311 4	0.839	2.059	21.652	1	0.000
$x1$	−1.980	0.503 1	−2.966	−0.994	15.494	1	0.000
$x2$	1.538	0.583 2	0.395	2.681	6.957	1	0.008
$x3$	0.002	0.003 7	−0.005	0.009	0.371	1	0.542
$x4$	$2.754E{-}005$	$6.191\ 5E{-}005$	$-9.381E{-}005$	0.000	0.198	1	0.656
$x5$	0.001	0.001 1	−0.002	0.003	0.225	1	0.636
$x6$	−1.312	0.343 6	−1.985	−0.638	14.579	1	0.000
（刻度）	1[a]						

因变量：y
模型：（截距），x1，x2，x3，x4，x5，x6
a. 固定在显示值。

我们还可以通过观察残差图来对模型的效果进行评价。依菜单"图形"（Graphs）→"图表构建程序"（Chart Builder）打开绘图对话框，在图形类型中选择简单散点图（Scatter/Dot→Simple Scatter），将标准化离差残差设为 y 轴，将线性预测器的预测值设为 x 轴，如图 9—8 所示。

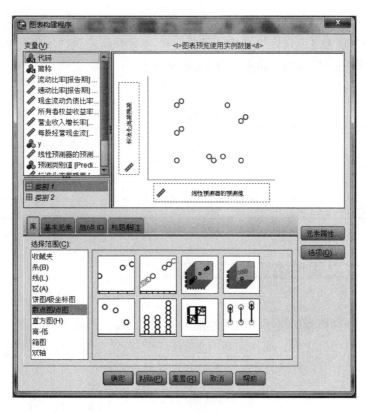

图 9—8　残差图

得到的散点图如图 9—9 所示。可以看到，图中并没有偏离较大的点存在，可以认为模型拟合有效。

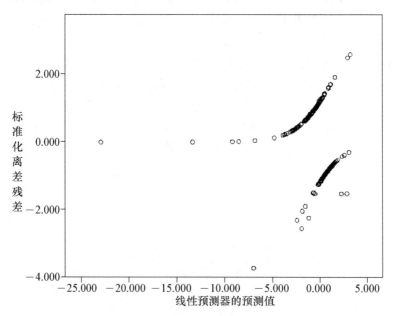

图 9—9　残差图

最后，绘制上市公司的实际类型与预测类型的交叉表，如表 9—5 所示。可以看到，在 90 家无财务风险的上述公司中，有 71 家预测正确，预测正确率为 78.9%，而在 85 家有财务风险的公司中，有 72 家预测正确，预测正确率为 84.7%，预测效果还是比较好的。

表 9—5　　　　　　　　　　　　真实类别与预测类别的交叉表

		预测类别值		合计
		0	1	
y	0	71	19	90
	1	13	72	85
合计		84	91	175

第三节　广义线性模型的注意事项

广义线性模型扩展了一般线性模型，本质上是一种非线性模型。在得到广义线性模型的参数估计之后，要注意对参数的解释不再像一般线性模型中那样直接。例如，在 Logit 模型中，斜率的含义不是自变量变动一个单位因变量平均变动的幅度，而是自变量变动一个单位因变量的对数优势比（即 $\ln \frac{P(Y=1)}{P(Y=0)}$）的变动幅度。研究者在解释参数的含义时应当谨慎。

离散选择模型是一类应用很广泛的模型，Logit 模型、Probit 模型和 Log-log 模型都是常见的离散选择模型。虽然这三种模型采用了不同的联系函数，但只要数据不是特别集中于一个类型，三种模型所估计的自变量对选择概率的边际效应就应是很接近的，所以模型选择不是特别重要。

虽然广义线性模型突破了经典回归分析关于正态分布的假定，但仍然有关于数据分布的假定，如果关于分布的假定不成立，那么广义线性模型的分析结果一样值得怀疑。例如在二元离散选择模型中，如果因变量不服从常用的假定分布（logistic 分布或正态分布），则需要采用非参数回归，或者使用分类与回归树（classification and regression trees，CART）等对分布没有假定的方法。

C 第十章
Chapter 10 对数线性模型

在实际研究中，常常遇到分析的变量都是定性变量的情形。此时，通常用列联表来展示数据的分布。所谓列联表，就是记录两个或更多变量的各个交叉分类下的频数的表格。比如，在医学研究领域，研究者会根据年龄和性别对患有某种疾病的人数进行交叉分类；在商务研究领域，人们会按年龄、性别和收入等变量来对信用卡欠费人数进行交叉分类；在经济研究领域，可以按公司所属的地区、行业和初始资本的多少对已经破产的公司数目进行交叉分类，等等。

列联表研究的主要目的是分析变量之间是否相关，而不是预测。二维或多维列联表可以解决构成表格的两个或多个分类变量有无关系的假设检验问题。对数线性模型就是一种更深入地研究列联表数据的方法。

第一节　对数线性模型概述

一、对数线性模型的有关概念

在对数线性模型中，需要区分以下两组概念。

（一）设计变量（design variables）和响应变量（response variables）

在列联表中，设计变量和响应变量都是构成列联表分类的变量，二者的关系类似于回归分析中自变量和因变量之间的关系。

总的来说，对数线性模型的主要目的是发现构成列联表的各变量之间的关系，尤其是了解在设计变量取不同值时响应变量的取值情况，即设计变量对响应变量的影响。

需要注意的是，如果变量是定量变量，需要先转化为定性变量才可以建立对数线性模型。

（二）边际列联表（marginal table）和局部列联表（partial table）

在多维列联表中，在其他变量的取值都固定后，两个变量构成的列联表称为局部列联表。而将列联表按一个或多个变量进行合并得到的低维列联表称为边际列联表。

显然，与边际列联表相比，局部列联表能更加透彻地反映变量间的关系。在某些情况下，若只分析边际列联表可能导致错误的结论。

二、对数线性模型

对数线性模型的研究内容类似于列联表分析，两种方法都是检验构成列联表的变量之间是否相关的问题，所不同的是列联表分析仅仅利用 χ^2 检验来回答变量之间是否相关的问题，而对数线性模型则把各个变量的影响通过模型具体化，不仅可以分析变量之间的相关关系，还可以检验各个变量以及它们的交互效应对频数大小的影响。

这里以对二维列联表建立对数线性模型为例加以说明。假定各分类因素对频数的作用不是相加而是相乘的关系，则具体模型为：

$$f_{ij}=\mu\times\alpha_i\times\beta_j\times(\alpha\beta)_{ij}\times\varepsilon_{ij} \tag{10.1}$$

式中，f_{ij} 为二维列联表第 i 行第 j 列的频数，即在行变量取第 i 个类别、列变量取第 j 个类别而形成的交叉分类下所对应的频数；μ 为总效应；α_i 为行变量的主效应；β_j 为列变量的主效应；$(\alpha\beta)_{ij}$ 为行变量与列变量的交互效应；ε_{ij} 为随机效应项。这里假定 f_{ij} 服从多项分布。

对式（10.1）两边取对数，得

$$\ln(f_{ij})=\ln\mu+\ln(\alpha_i)+\ln(\beta_j)+\ln(\alpha\beta)_{ij}+\ln(\varepsilon_{ij}) \tag{10.2}$$

将符号简化可得

$$\ln(f_{ij})=\mu+\alpha_i+\beta_j+(\alpha\beta)_{ij}+\varepsilon_{ij} \tag{10.3}$$

这就是有交互作用的对数线性模型。

三、模型的检验

列联表和对数线性模型分析的主要手段都是利用 χ^2 检验。在列联表分析中，χ^2 检验是检验行列变量的相关性，原假设是在列联表中行列变量不相关；在对数线性模型中，χ^2 检验则是检验模型的拟合优度，原假设是拟合模型与实际频数数据没有差异。

这里主要有两种 χ^2 检验统计量，分别是 Pearson χ^2 统计量和似然比 χ^2 统计量。

在原假设下，这两个 χ^2 统计量都渐近服从 χ^2 分布。两个 χ^2 统计量的计算公式如下：

Pearson χ^2 统计量：

$$P = \sum_{i=1}^{n} \frac{(O_i - E_i)^2}{E_i} \tag{10.4}$$

似然比 χ^2 统计量：

$$L = 2\sum_{i=1}^{n} O_i \ln \frac{O_i}{E_i} \tag{10.5}$$

式中，O_i 是实际频数；E_i 是原假设下的期望频数。

如果原假设正确，E_i 与 O_i 不会相差太远，因此两个统计量都不会很大，这样就不太可能拒绝原假设；反之，如果两个统计量很大，就会拒绝原假设。

第二节　对数线性模型的实例分析

SPSS 对数线性模型包括广义对数线性模型（General Loglinear Analysis）、Logit 对数线性分析（Logit Loglinear Analysis）以及模型选择对数线性分析（Model Selection Loglinear Analysis）等三个模块，对应于 SPSS "分析"（Analyze）菜单下"对数线性模型"（Loglinear）模块下的"常规"（General）、Logit 和"模型选择"（Model Selection）三个过程（见图 10—1）。其中，前两个过程最常用。

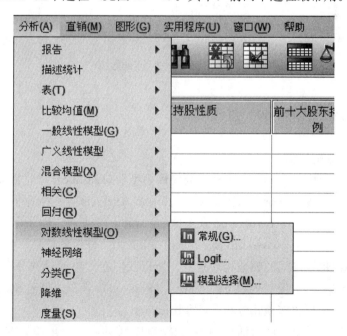

图 10—1　对数线性模型分析模块

本节将以对上市公司是否分红（distribution）、所有权性质（ownership）及股权集中度（concentration）三个定性变量关系的分析为例，说明对数线性模型的用法。其中，是否分红为 0—1 取值变量，等于 1 表示当年有分红，等于 0 表示没有分红；所有权性质为 0—1 取值变量，等于 1 是第一大股东持股性质为国有股的公司，等于 0 的为其他公司；股权集中度以前十大股东股权比例合计来度量，本来是定量变量，本例中将其分为四类，分类方法为：前十大股东股权比例合计大于等于 80%，股权集中度＝1；前十大股东股权比例合计大于等于 50% 小于 80%，股权集中度＝2；前十大股东股权比例合计大于等于 30% 小于 50%，股权集中度＝3；前十大股东股权比例合计小于 30%，股权集中度＝4。数据如图 10—2 所示。

	代码	简称	分红	第一大股东持股性质	前十大股东持股比例	distribution	ownership	concentration
1	002655	共达电声	2011	法人股(募集,外资)	100	1	0	1
2	002652	扬子新材	2011	法人股(募集,外资)	100	1	0	1
3	002653	海思科	2011	非流通自然人股	100	1	0	1
4	601231	环旭电子	2011	法人股(募集,外资)	100	1	0	1
5	601515	东风股份	2011	法人股(募集,外资)	100	1	0	1
6	300291	华录百纳	2011	国有股(国家股、国有法人股)	100	1	1	1
7	300285	国瓷材料	2011	法人股(募集,外资)	100	1	0	1
8	300286	安科瑞	2011	非流通自然人股	100	1	0	1
9	300288	朗玛信息	2011	非流通自然人股	100	1	0	1
10	300290	荣科科技	2011	非流通自然人股	100	1	0	1
11	601857	中国石油	2011	流通股(A 股)	98	1	0	1
12	300302	同有科技	2011	非流通自然人股	97	1	0	1
13	300299	富春通信	2011	法人股(募集,外资)	97	1	0	1
14	601988	中国银行	2011	流通股(A 股)	97	1	0	1
15	601398	工商银行	2011	流通股(A 股)	97	1	0	1
16	601939	建设银行	2011	流通股(A 股)	97	1	0	1
17	600028	中国石化	2011	流通股(A 股)	96	1	0	1
18	600871	S仪化	2011	法人股(募集,外资)	96	1	0	1
19	601628	中国人寿	2011	流通股(A 股)	95	1	0	1
20	002269	美邦服饰	2011	流通股(A 股)	94	1	0	1
21	601727	上海电气	2011	流通股(A 股)	94	1	0	1
22	601998	中信银行	2011	流通股(A 股)	94	1	0	1

图 10—2 示例数据

一、"常规"（General）过程

（一）分析步骤

按照"分析"（Analyze）→"对数线性模型"（Loglinear）→"常规"（General），打开"常规对数线性分析"（General Loglinear Analysis）主对话框，如图 10—3 所示。把变量 distribution，ownership 及 concentration 移动到"因子"（Factor(s)）框中，确定 distribution，ownership 及 concentration 为要分析的变量。由于模型推理不依赖样本大小，单元格间的频数相对独立，所以我们在"单元计数分布"（Distribution of Cell Counts）栏中保持默认的"泊松"（Poisson）分布。倘若单元格的频数相互影响，则最好选择"多项式分布"（Multinomial）。

在图 10—3 所示的对话框中单击"模型"（Model），出现如图 10—4 所示的对话框。在图 10—4 的"指定模型"（Specify Model）单选框中选择"设定"（Custom）。

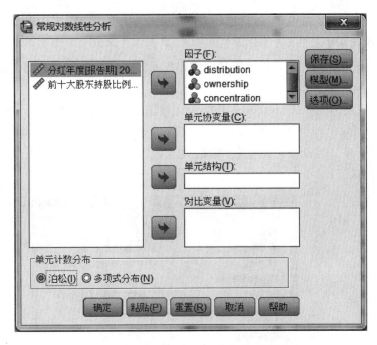

图 10—3　常规对数线性分析主对话框

在"构建项"（Build Term(s)）下拉菜单中选择"主效应"（Main effects），即模型中只考虑主效应。然后在"因子与协变量"（Factors & Covariates）栏选中 distribution，ownership 及 concentration，将选中的变量移到右边的"模型中的项"（Terms in Model）栏中。如果考虑其他的效应，需要在"构建项"（Build Term(s)）下拉菜单中继续选择其他效应如交互效应等进入"模型中的项"。

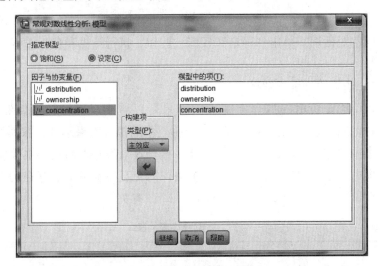

图 10—4　"模型"对话框

在图 10—3 所示的对话框中单击"选项"（Options），出现如图 10—5 所示的对话框，该对话框规定可以显示的模型信息和拟合优度检验的统计量。其中：

● "输出"（Display）复选框指定是否输出频率、残差、设计矩阵、模型参数的估计值和迭代历史；

● "图"（Plot）复选框指定是否输出校正残差图、校正残差的正态概率图、偏差残差图、偏差残差的正态概率图；

● "置信区间"（Confidence Interval）框指定用于设置置信区间的置信水平大小，默认为 95%；

● "标准"（Criteria）框组设置最大迭代次数、容忍度、校正系数，这里我们都用系统默认值。

图 10—5　"选项"对话框

返回主对话框，单击"确定"（OK）按钮，执行计算和分析过程。

（二）结果的分析与解释

从表 10—1 所示的拟合优度检验结果可以看出，不管是用似然比检验还是用 Pearson 卡方检验，p 值都接近于 0，说明模型的拟合效果不好。在模型设置中，我们仅保留了主效应项，而没有引入交互项，拟合效果不好表明只含主效应项的模型与含有交互项的模型相比有统计差异，即被去掉的交互项实际上是存在的，也就是说，变量 distribution，ownership 以及 concentration 有关系。

表 10—1　　　　　　　　　　　　　　　拟合优度检验[a,b]

	值	df	Sig.
似然比	460.659	10	0.000
Pearson 卡方检验	485.479	10	0.000

a. 模型：泊松。
b. 设计：常量＋distribution＋ownership＋concentration。

为此，我们在模型选项中进一步引入二阶交互效应，如图 10—6 所示。

图 10—6　在模型中引入二阶交互效应

新模型的拟合效果如表 10—2 所示。由表 10—2 可以看到，不管是用似然比检验还是用 Pearson 卡方检验，p 值都大于 0.05，说明模型的拟合效果良好。在模型设置中，我们并未引入三个因子的三阶交互效应，拟合效果良好表明被舍掉的交互项实际上并不存在。

表 10—2　　　　　　　　　　　　　　拟合优度检验[a,b]

	值	df	Sig.
似然比	2.660	3	0.447
Pearson 卡方检验	3.025	3	0.388

a. 模型：泊松。
b. 设计：常量＋distribution＋ownership＋concentration＋distribution * concentration＋ownership * concentration＋distribution * ownership。

利用含有二阶交互效应的模型可以得到各单元的期望值，从而计算出残差，具体结果如表 10—3 所示。

表 10—3　　　　　　　　　　　　　　单元计数和残差[a,b]

distribution	ownership	concentration	观测		期望的		残差	标准化残差	调整残差	偏差
			计数	%	计数	%				
0	0	1	22	0.9%	22.104	0.9%	−0.104	−0.022	−0.044	−0.022
		2	236	9.6%	240.137	9.8%	−4.137	−0.267	−1.103	−0.268
		3	229	9.3%	226.678	9.2%	2.322	0.154	0.691	0.154
		4	198	8.1%	196.081	8.0%	1.919	0.137	1.501	0.137
	1	1	12	0.5%	11.896	0.5%	0.104	0.030	0.044	0.030
		2	65	2.6%	60.863	2.5%	4.137	0.530	1.103	0.524
		3	38	1.5%	40.322	1.6%	−2.322	−0.366	−0.691	−0.369
		4	9	0.4%	10.919	0.4%	−1.919	−0.581	−1.501	−0.599

续前表

distribution	ownership	concentration	观测		期望的		残差	标准化残差	调整残差	偏差
			计数	%	计数	%				
1	0	1	130	5.3%	129.896	5.3%	0.104	0.009	0.044	0.009
		2	959	39.1%	954.863	38.9%	4.137	0.134	1.103	0.134
		3	265	10.8%	267.322	10.9%	−2.322	−0.142	−0.691	−0.142
		4	56	2.3%	57.919	2.4%	−1.919	−0.252	−1.501	−0.254
	1	1	45	1.8%	45.104	1.8%	−0.104	−0.015	−0.044	−0.015
		2	152	6.2%	156.137	6.4%	−4.137	−0.331	−1.103	−0.333
		3	33	1.3%	30.678	1.3%	2.322	0.419	0.691	0.414
		4	4	0.2%	2.081	0.1%	1.919	1.330	1.501	1.179

a. 模型：泊松。
b. 设计：常量＋distribution＋ownership＋concentration＋distribution * concentration＋ownership * concentration＋distribution * ownership。

　　模型的参数估计结果如表 10—4 所示。参数估计是对各个效应的估计。例如，模型的总效应为 0.733，[distribution＝0] 的主效应为 1.658（从而可得 [distribution＝1] 的主效应为−1.658），[distribution＝0] 与 [ownership＝0] 的交互效应为−0.438，等等。由表 10—4 可以看出，各个效应对应的 Sig. 值都小于 0.05，表明各个效应都是显著的。把参数估计代入式（10.3），即可计算出每个单元格的期望频数，如表 10—3 所示。

表 10—4　　　　　　　　　　　　参数估计[b,c]

参数	估计	标准误	Z	Sig.	95%置信区间	
					下限	上限
常量	0.733	0.321	2.281	0.023	0.103	1.362
[distribution＝0]	1.658	0.193	8.589	0.000	1.279	2.036
[distribution＝1]	0[a]	.	.	.	.	.
[ownership＝0]	3.326	0.305	10.915	0.000	2.729	3.924
[ownership＝1]	0[a]	.	.	.	.	.
[concentration＝1]	3.076	0.345	8.925	0.000	2.401	3.752
[concentration＝2]	4.318	0.321	13.470	0.000	3.690	4.946
[concentration＝3]	2.691	0.332	8.108	0.000	2.040	3.341
[concentration＝4]	0[a]	.	.	.	.	.
[distribution＝0] * [concentration＝1]	−2.990	0.242	−12.382	0.000	−3.464	−2.517
[distribution＝0] * [concentration＝2]	−2.600	0.162	−16.080	0.000	−2.917	−2.283
[distribution＝0] * [concentration＝3]	−1.384	0.170	−8.159	0.000	−1.717	−1.052
[distribution＝0] * [concentration＝4]	0[a]	.	.	.	.	.
[distribution＝1] * [concentration＝1]	0[a]	.	.	.	.	.
[distribution＝1] * [concentration＝2]	0[a]	.	.	.	.	.
[distribution＝1] * [concentration＝3]	0[a]	.	.	.	.	.
[distribution＝1] * [concentration＝4]	0[a]	.	.	.	.	.
[ownership＝0] * [concentration＝1]	−2.268	0.335	−6.767	0.000	−2.926	−1.611
[ownership＝0] * [concentration＝2]	−1.515	0.303	−4.997	0.000	−2.110	−0.921

续前表

参数	估计	标准误	Z	Sig.	95％置信区间	
					下限	上限
[ownership=0] * [concentration=3]	−1.161	0.314	−3.700	0.000	−1.777	−0.546
[ownership=0] * [concentration=4]	0ᵃ	·	·	·	·	·
[ownership=1] * [concentration=1]	0ᵃ	·	·	·	·	·
[ownership=1] * [concentration=2]	0ᵃ	·	·	·	·	·
[ownership=1] * [concentration=3]	0ᵃ	·	·	·	·	·
[ownership=1] * [concentration=4]	0ᵃ	·	·	·	·	·
[distribution=0] * [ownership=0]	−0.438	0.130	−3.363	0.001	−0.694	−0.183
[distribution=0] * [ownership=1]	0ᵃ	·	·	·	·	·
[distribution=1] * [ownership=0]	0ᵃ	·	·	·	·	·
[distribution=1] * [ownership=1]	0ᵃ	·	·	·	·	·

a. 此参数为冗余参数，因此设为零。
b. 模型：泊松。
c. 设计：常量＋distribution＋ownership＋concentration＋distribution * concentration＋ownership * concentration＋distribution * ownership。

此外，我们还可以观察模型估计的残差。由表 10—3 可以看到，每个单元格估计的残差都很小。残差与频数的散点图如图 10—7 所示。可以看到，调整的残差并没有特别的趋势，表明模型的拟合效果良好。

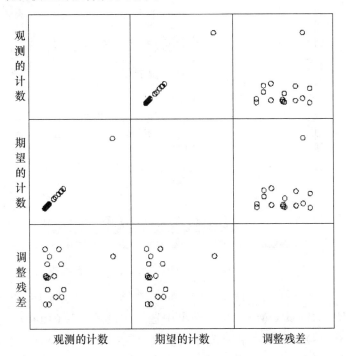

图 10—7　调整残差的散点图

二、Logit 过程

Logit 对数线性分析用于分析因变量和自变量之间的关系。Logit 对数线性分析假设数据分布为多项式分布，因此又称多项式 Logit 对数线性分析，其参数估计使用 Newton-Raphson 方法。

仍然以上面的数据分析为例演示 Logit 过程的应用，其中因变量为 distribution，自变量为 ownership 和 concentration。

（一）分析步骤

按照"分析"（Analyze）→"对数线性模型"（Loglinear）→Logit，打开如图 10—8 所示的"Logit 对数线性分析"（Logit Loglinear Analysis）对话框。把 distribution 移到"因变量"（Dependent）框中作为因变量，把 ownership 和 concentration 移到"因子"（Factor(s)）框中作为自变量。

图 10—8 Logit 对数线性分析主对话框

在图 10—8 中单击"模型"（Model）按钮，出现如图 10—9 所示的对话框。在"指定模型"（Specify Model）单选框中选择"设定"（Custom）选项，在"构建项"（Build Term(s)）下拉菜单中选择"主效应"（Main effects），即只考虑主效应。在"因子与协变量"（Factors & Covariates）框中选择 ownership 和 concentration 到"模型中的项"（Terms in Model）框中。单击"继续"（Continue）返回主对话框。

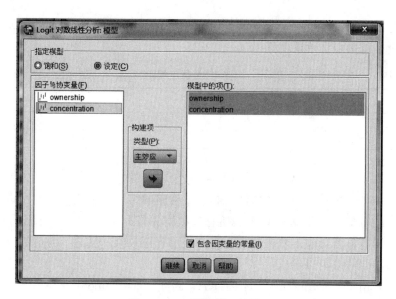

图 10—9 "模型"对话框

在图 10—8 中单击"选项"（Options）按钮，出现如图 10—10 所示的对话框。在"输出"（Display）复选框中选择"估计"（Estimates）选项。单击"继续"（Continue）返回主对话框。

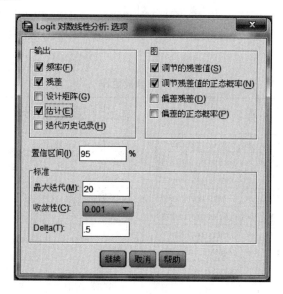

图 10—10 "选项"对话框

返回主对话框后，单击"确定"（OK）按钮，执行计算和分析过程。

（二）结果的分析与解释

Logit 模型的拟合优度检验结果如表 10—5 所示。这里用似然比卡方统计量和 Pearson 卡方统计量检验 Logit 模型和数据的拟合效果，原假设是模型能够拟合数据。

我们可以看到，两个检验的概率 p 值分别是 0.447 和 0.388，都大于 0.05，不能拒绝原假设，可知拟合效果良好。

表 10—5   拟合优度检验[a,b]

	值	df	Sig.
似然比	2.660	3	0.447
Pearson 卡方检验	3.025	3	0.388

a. 模型：多项 Logit。
b. 设计：常量＋distribution＋distribution * ownership＋distribution * concentration。

表 10—6 所示的是参数估计值和假设检验的结果。由表 10—6 可以看出，各个参数对应的 p 值均小于 0.05，表明所有参数均显著不为 0，即两个自变量及其交互效应对因变量有显著影响。若参数值为正，表示有正效应；反之，为负效应。

由表 10—6 可以看出：

（1）由于 [distribution＝0]＝1.658，因此 [distribution＝1]＝0－1.658＝－1.658，即多数上市公司倾向于不分红；

（2）由于 [distribution＝0] * [ownership ＝0]＝－0.438，可知 [distribution＝0] * [ownership＝1]＝0.438，即第一大股东持股性质为国有股的公司更倾向于不分红；

（3）由 [distribution＝0] * [concentration＝1]＝－2.99，[distribution＝0] * [concentration＝2]＝－2.6，[distribution＝0] * [concentration＝3]＝－1.384 可知，[distribution＝0] * [concentration＝4]＝6.974，即股份集中程度低的公司更倾向于不分红。

表 10—6   参数估计[c,d]

参数		估计	标准误	Z	Sig.	95％置信区间	
						下限	上限
常量	[ownership＝0] * [concentration＝1]	4.867[a]					
	[ownership＝0] * [concentration＝2]	6.862[a]					
	[ownership＝0] * [concentration＝3]	5.588[a]					
	[ownership＝0] * [concentration＝4]	4.059[a]					
	[ownership＝1] * [concentration＝1]	3.809[a]					
	[ownership＝1] * [concentration＝2]	5.051[a]					
	[ownership＝1] * [concentration＝3]	3.424[a]					
	[ownership＝1] * [concentration＝4]	0.733[a]					
[distribution＝0]		1.658	0.193	8.589	0.000	1.279	2.036
[distribution＝1]		0[b]	.	.	.	.	.
[distribution＝0] * [ownership＝0]		－0.438	0.130	－3.363	0.001	－0.694	－0.183
[distribution＝0] * [ownership＝1]		0[b]	.	.	.	.	.
[distribution＝1] * [ownership＝0]		0[b]	.	.	.	.	.
[distribution＝1] * [ownership＝1]		0[b]	.	.	.	.	.
[distribution＝0] * [concentration＝1]		－2.990	0.242	－12.382	0.000	－3.464	－2.517

续前表

参数	估计	标准误	Z	Sig.	95%置信区间 下限	95%置信区间 上限
[distribution=0] * [concentration=2]	−2.600	0.162	−16.080	0.000	−2.917	−2.283
[distribution=0] * [concentration=3]	−1.384	0.170	−8.159	0.000	−1.717	−1.052
[distribution=0] * [concentration=4]	0[b]	.	.	.	.	.
[distribution=1] * [concentration=1]	0[b]	.	.	.	.	.
[distribution=1] * [concentration=2]	0[b]	.	.	.	.	.
[distribution=1] * [concentration=3]	0[b]	.	.	.	.	.
[distribution=1] * [concentration=4]	0[b]	.	.	.	.	.

　a. 在多项式假设中常量不作为参数使用。因此不计算它们的标准误差。
　b. 此参数为冗余参数，因此设为零。
　c. 模型：多项 Logit。
　d. 设计：常量＋distribution＋distribution * ownership＋distribution * concentration。

第三节　对数线性模型的注意事项

　　在对数线性模型中，应当仔细斟酌每个分类变量的类别数目的多少。对类别进行细分或合并一些类别会对分析结果产生很大的影响。因此，在建立对数线性模型时，需要考虑实际问题的背景，选择更为合理的分类。

　　如果需要通过剔除某个变量来合并列联表，则应注意变量之间的因果顺序，在剔除变量时，最好剔除在因果关系链条中处于下游的变量。例如，性别→教育水平→收入，那么在剔除变量时，最好考虑剔除收入变量。

　　与一般的回归分析中要进行残差诊断一样，残差分析对于对数线性模型也具有重要意义。如果模型的拟合效果不好，研究者应当仔细查看每个单元格对应的残差，从而判断模型失败的原因。

C 第十一章
生存分析
Chapter 11

生存分析是研究关键事件发生前所经历的时间的一种方法。由于生存分析最初研究的关键事件是死亡，所以称为生存分析。不过，在实际应用中，生存分析的应用领域非常广泛，例如，工业领域中产品失效时间的研究、人力资源管理领域中员工在职时间的研究、商业领域中复杂事件（比如房屋购买）消耗时间的研究、客户关系管理领域中对客户忠诚度或客户流失的研究、金融领域中银行账户从开立到取消的时间的研究、汽车保险中汽车的累积行驶里程的研究，等等。

生存分析研究的主要内容包括以下两个方面：第一，描述生存过程；第二，分析生存过程的影响因素并对生存的结局加以预测。

第一节　生存分析概述

一、生存分析的数据类型

生存分析所分析的数据通常称为生存数据，生存数据一般度量的是某个事件发生前后所经历的时间长度。事件可以是生命的死亡、疾病的发生、保单的索赔、产品的失效，等等。若与产品失效有关，生存数据也称失效数据。

根据观察数据所提供的信息，生存数据可以分为完全数据、删失数据和截尾数据，下面分别对这几类数据进行说明。

（一）完全数据

顾名思义，完全数据就是指提供了完整信息的数据。例如，在研究某种产品的失效时间时，如果某个样品从进入研究直到失效都在我们的观察中，我们得到了该样品的具体失效时间，那么这个失效时间就是一个完全数据。

（二）删失数据

生存分析研究的常常是不同时点被研究事件发生的概率。我们感兴趣的时间可能很长，比如在医学领域，研究某种慢性疾病的治疗效果一般要对患者进行长期的随访，统计一定时点上生存或死亡的情况。由于随访的时间可能比较长，在这个过程中可能会有患者由于迁移、不愿继续合作等各种原因退出随访，或是研究单位由于人力、财力等方面的原因在某个时点决定终止随访，那么这些退出研究或被终止研究的患者提供给我们的数据就是删失数据（censored data）。

相对于完全数据，删失数据提供的信息是不完整的。以死亡时间的研究为例，删失数据提供给我们的信息是：直到调查对象退出研究时他们还是存活的，但是日后他们的确切死亡时间我们就不清楚了。虽然这些删失数据提供的信息不完整，但如果弃之不用，则会造成信息的浪费，因此在生存分析中包含这一类的数据。

（三）截尾数据

生存分析中还有一类数据，即截尾数据（truncated data）。截尾数据和删失数据一样，提供的是不完整信息，它和删失数据的不同在于，它提供的是与时间有关的条件信息。比如保险公司想研究 60 岁（含）以上、投保了意外伤害保险的人发生索赔的概率，那么被研究的投保人在研究期内所提供的生存数据称为截尾数据，因为它们都附带了一个时间条件——进入研究的年龄都大于等于 60 岁。

二、生存分析的关键术语

在介绍具体的生存分析方法之前，首先来介绍几个关键术语。

生存时间指随访观察持续的时间，按失效发生的时间或失效前最后一次的随访进行记录。常用符号 T 表示个体生存时间这一随机变量，用 t 表示生存时间的具体值。生存时间可以是各种类型的指标，甚至根本就不是"时间"。例如可以利用生存分析的方法分析保险中的索赔问题，其中"生存时间"是索赔的数额。

生存分析中有两个重要的函数：生存函数和风险函数。

生存函数（survival function）又称累积生存率，记作 $S(t)$，是指个体生存时间长于 t 的概率，即

$$S(t)=P(T>t) \tag{11.1}$$

显然，$S(t)$ 是非升函数，且 $S(0)=1$，$S(\infty)=0$。

风险函数（hazard function）又称瞬时死亡率，记作 $h(t)$，是指个体在活过了时间 t 的条件下，在 $t+\Delta t$ 时刻死亡的概率，即

$$h(t) = \lim_{\Delta t \to 0} \frac{P(t \leqslant T \leqslant t + \Delta t \mid T \geqslant t)}{\Delta t} \tag{11.2}$$

显然，$h(t)$ 非负，且无上限。

易知生存函数与风险函数之间存在如下转换关系：

$$S(t) = \exp\left[-\int_0^t h(u)\,\mathrm{d}u\right] \tag{11.3}$$

$$h(t) = -\frac{\mathrm{d}S(t)/\mathrm{d}t}{S(t)} \tag{11.4}$$

三、生存分析方法分类

在生存分析中常用的分析方法很多，按使用参数与否可分为以下三类。

（一）非参数方法

非参数方法是生存分析中最常用的一种方法。当被研究事件不能被参数模型很好地拟合时，通常可以采用非参数方法研究它的生存特征。通常的非参数方法包括生命表分析和 Kaplan-Meier 方法（又称 product limit method）。

（二）参数方法

假如已经证明某事件的发展可以用某个参数模型很好地拟合，就可以用参数的分析方法做该事件的生存分析。在生存分析中，常用的参数模型有指数分布模型、对数正态分布模型和威布尔分布模型等。

（三）半参数方法

半参数方法是目前比较流行的生存分析方法，它比参数模型灵活，其分析结果比非参数方法的分析结果更容易解释。在生存分析里使用的半参数模型是 Cox 比例风险模型。Cox 模型适用于多状态生存分析场合，在使用 Cox 模型时，我们需要指定若干个协变量，然后研究带协变量的个体的生存状况。

以下各节中我们将对上述方法作具体的介绍。

第二节　非参数方法

一、生命表方法及其应用

（一）生命表方法的基本原理

生命表分析方法是一种非参数方法，可以用来测定死亡率、描述群体生存的现象。生命表方法适用于大样本的情况，特别是没有个体数据的情形。它的主要优点在于对生存时间的分布没有限制。

生存分析中所指的生命表方法的全称为由不完整数据样本估计表格式生存模型的矩方法，其基本原理是用样本在 $[x，x+1)$ 间死亡的个数估计在同一时间段内总体的真实死亡人数，即

$$E(D_x) = \sum_{i=1}^{n_x} {}_{s_i-r_i}q_{x+r_i} = d_x \qquad (11.5)$$

式中，D_x 为在 $[x，x+1)$ 间总体的死亡人数；d_x 为根据样本计算出来的在 $[x，x+1)$ 间的死亡人数；n_x 为在 x 岁时进入研究的样本个数；r_i 为第 i 个样本在 x 岁时的进入时间（$0 \leqslant r_i < 1$）；s_i 为第 i 个样本在 x 岁时的退出时间（$0 < s_i \leqslant 1$）；${}_{s_i-r_i}q_{x+r_i}$ 指 $x+r_i$ 岁进入研究的人再活 s_i-r_i 岁死亡的概率。s_i-r_i 称为第 i 个样本在 x 岁时的暴露（expose），就是第 i 个样本在 x 岁时面临风险的时间长度，也可以理解为第 i 个样本在 x 岁时仍在观察期的时间长度。

因为有 ${}_{s_i-r_i}q_{x+r_i} \approx (s_i-r_i)q_x$，所以 $E(D_x) \approx q_x \sum_{i=1}^{n_x} (s_i-r_i) = d_x$，从而有

$$\hat{q}_x = \frac{d_x}{\sum_{i=1}^{n_x} (s_i - r_i)} \qquad (11.6)$$

式中，q_x 为在 x 岁存活的人在 $[x，x+1)$ 岁间死亡的概率。

为了便于理解生命表方法的输出结果，下面简单介绍一些重要统计量的构造方法。

（1）$q(a_j)$ 为在 a_j 岁存活的人在 $[a_j，a_{j+1})$ 岁间死亡的概率，其估计量为：

$$\hat{q}(a_j) = \frac{d_j}{Y_j} \qquad (11.7)$$

式中，d_j 为第 j 个区间死亡人数；$Y_j = n_j - \frac{1}{2}w_j$（这里假设每个间隔内退出的人数服从均匀分布），$n_j$ 为进入第 j 个区间的个体总数，Y_j 为在第 j 个区间面临风险的个体总数，w_j 为在第 j 个区间删失的个体数。

（2）$p(a_j)$ 为在 a_j 时刻存活的人在 $[a_j，a_{j+1})$ 存活的概率，是用区间末存活的人数除以开始进入区间的人数所得的一个存活比例，所以它也称生存比例（proportion of surviving）。其估计量与估计量的方差分别为：

$$\hat{p}(a_j) = 1 - \hat{q}(a_j) \qquad (11.8)$$

$$\widehat{Var}[\hat{p}(a_j)] = \frac{\hat{p}(a_j)\hat{q}(a_j)}{Y_j} \qquad (11.9)$$

（3）$S(a_j)$ 为 a_j 时刻的累积生存函数，其估计量与估计量的方差分别为：

$$\hat{S}(a_1) = 1$$

$$\hat{S}(a_j) = \prod_{k=1}^{j-1} \hat{p}(a_k), \ j \geqslant 1 \tag{11.10}$$

$$\widehat{Var}[\hat{S}(a_j)] = [\hat{S}(a_j)]^2 \sum_{k=1}^{j-1} \frac{\hat{q}(a_k)}{\hat{p}(a_k)Y_k} \tag{11.11}$$

（4）$f(a_j)$ 为第 j 个区间中点的密度函数，其估计量与估计量的方差分别为：

$$\hat{f}(a_j) = \frac{\hat{S}(a_{j-1}) - \hat{S}(a_j)}{a_j - a_{j-1}} \tag{11.12}$$

$$\widehat{Var}[\hat{f}(a_j)] = \left[\frac{\hat{S}(a_{j-1})\hat{q}_j}{a_j - a_{j-1}}\right]^2 \sum_{k=1}^{j-1}\left[\frac{\hat{q}_j}{Y_j\hat{p}_j} + \frac{\hat{p}_j}{Y_j\hat{q}_j}\right] \tag{11.13}$$

（5）$h(a_j)$ 为第 j 个区间中点的风险函数，其估计量与估计量的方差分别为：

$$\hat{h}(a_j) = \frac{2\hat{f}(a_j)}{\hat{S}(a_{j-1}) + \hat{S}(a_j)} \tag{11.14}$$

$$\widehat{Var}[\hat{h}(a_j)] = \left\{1 - \left[\frac{\hat{h}(a_j)(a_j - a_{j-1})}{2}\right]^2\right\}\frac{[\hat{h}(a_j)]^2}{Y_j\hat{q}_j} \tag{11.15}$$

（6）$mdrl(a_{j-1})$ 为活到 a_{j-1} 时刻的人剩余寿命期望值的一半，其估计量与估计量的方差分别为：

$$\widehat{mdrl}(a_{j-1}) = (a_{i-1} - a_{j-1}) + \frac{\hat{S}(a_{i-1}) - \frac{1}{2}\hat{S}(a_{j-1})}{\hat{S}(a_{i-1}) - \hat{S}(a_i)}(a_i - a_{i-1}) \tag{11.16}$$

$$\widehat{Var}[\widehat{mdrl}(a_{j-1})] = \frac{[\hat{S}(a_{j-1})]^2}{4Y_j[\hat{f}(a_i)]^2} \tag{11.17}$$

（7）$\ln L$ 为由不完整资料样本估计的表格式生存模型的对数似然函数值，且

$$\ln L \propto \ln\left\{\prod_{i=1}^{k}[\hat{S}(a_i)]^{w_i}[\hat{S}(a_i) - \hat{S}(a_{i+1})]^{d_i}\right\} \tag{11.18}$$

（二）实例分析

为研究患有某种疾病的病人手术后的生存状况，对 50 位刚刚实施了手术的病人进行术后随访，随访的最长时间为 13 年，得到的数据如图 11—1 所示。其中，time 表示术后生存时间；censor 变量取 1 表示数据为删失数据，取 0 表示死亡；group 变量取 1 表示病人没有患慢性病，取 2 表示患有慢性病。

	time	censor	group	
1	12.3	1	1	
2	5.4	0	1	
3	8.2	0	1	
4	12.2	1	1	
5	11.7	0	1	
6	10.0	0	1	
7	5.7	0	1	
8	9.8	0	1	
9	2.6	0	1	
10	11.0	0	1	
11	9.2	0	1	
12	12.1	1	1	

图 11—1　生命表分析示例数据

依"分析"（Analyze）→"生存函数"（Survival）→"寿命表"（Life Tables）路径，打开"寿命表"（Life Tables）主对话框，如图 11—2 所示。

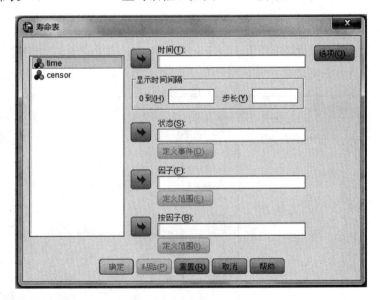

图 11—2　寿命表对话框

把变量 time 移动到"时间"（Time）框中，在"显示时间间隔"（Display Time Intervals）框中填写从 0 到 13，步长为 1。

把变量 censor 移动到"状态"（Status）框中，单击"定义事件"（Define Event）按钮，打开"寿命表：为状态变量定义事件"（Life Tables：Define Events for Status Variable）对话框。在"表示事件已发生的值"（Value(s) Indicating Event Has Oc-curred）这一单选框中选择"单值"（Single value），在本例中 censor 取 0 的案例为死

亡，所以填 0；另一选项"值的范围"（Range of values）是指含有设定值的个案是完全数据，其他个案为删失数据，如图 11—3 所示。

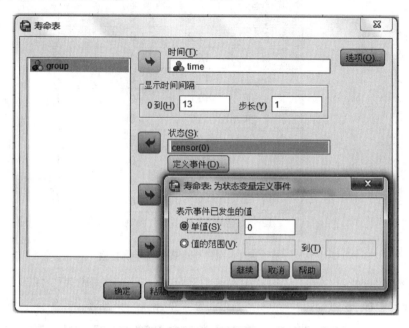

图 11—3　定义事件对话框

把变量 group 移到"因子"（Factor）框中，单击"定义范围"（Define Range）按钮，在打开的对话框中输入最小值 1 和最大值 2，如图 11—4 所示。

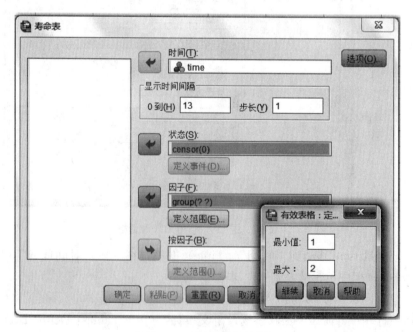

图 11—4　因子指定对话框

返回主对话框，点击"选项"（Options）按钮，打开"寿命表：选项"（Life Tables：Options）对话框，可以看到"寿命表"（Life table(s)）选项已经被系统默认选上了。

"图"（Plot）复选框中几个选项的含义如下：

● "生存函数"（Survival），即 $S(t)$ 的函数曲线，显示线性刻度的累积生存函数；

● "取生存函数的对数"（Log survival），显示对数刻度的累积生存函数；

● "危险函数"（Hazard），即 $h(t)$ 的函数曲线，显示线性刻度的累积危险函数；

● "密度"（Density），即 $f(t)$ 的函数曲线；

● "1 减去生存函数"（One minus survival），即线性刻度的 $1-S(t)$ 函数曲线。

本例只选择生存函数图。

最后，在"比较第一个因子的水平"（Compare Levels of First Factor）复选框中选择对因子不同水平下的分析结果进行对比的方式。本例的因子是 group 变量，只有两个水平，因此选择"两两比较"（Pairwise）。

上述操作如图 11—5 所示。

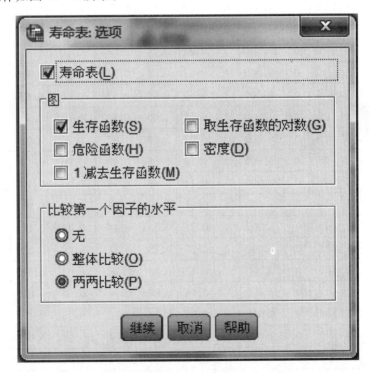

图 11—5 寿命表"选项"对话框

返回主对话框，单击"确定"（OK），得到分析结果。

表 11—1 是生命表的分析结果，表中提供了丰富的分析结果，这些结果的计算公式前面已有介绍，此处不再赘述。本例中，有慢性病的患者到第 11 年时，死亡率

（即终结比例）为 100%，生存率（即生存比例）为 0，因此不再显示第 12 年的估计结果；而没有患慢性病的一组，截至随访终止，仍然有 3 位患者生存，12 年以上的累积生存比例为 12%。可以看到，有慢性病的一组其累积生存比例始终低于没有慢性病的一组。

表 11—1　　　　　　　　　　　　　　　生命表分析结果

一阶控制		期初时间	期初记入数	期内退出数	历险数	期间终结数	终结比例	生存比例	期末的累积生存比例	期末的累积生存比例的标准误	概率密度	概率密度的标准误	风险率	风险率的标准误
group	1	0	25	0	25.000	0	0.00	1.00	1.00	0.00	0.000	0.000	0.00	0.00
		1	25	0	25.000	1	0.04	0.96	0.96	0.04	0.040	0.039	0.04	0.04
		2	24	0	24.000	3	0.13	0.88	0.84	0.07	0.120	0.065	0.13	0.08
		3	21	0	21.000	3	0.14	0.86	0.72	0.09	0.120	0.065	0.15	0.09
		4	18	0	18.000	0	0.00	1.00	0.72	0.09	0.000	0.000	0.00	0.00
		5	18	0	18.000	3	0.17	0.83	0.60	0.10	0.120	0.065	0.18	0.10
		6	15	0	15.000	1	0.07	0.93	0.56	0.10	0.040	0.039	0.07	0.07
		7	14	0	14.000	0	0.00	1.00	0.56	0.10	0.000	0.000	0.00	0.00
		8	14	0	14.000	2	0.14	0.86	0.48	0.10	0.080	0.054	0.15	0.11
		9	12	0	12.000	3	0.25	0.75	0.36	0.10	0.120	0.065	0.29	0.16
		10	9	0	9.000	3	0.33	0.67	0.24	0.09	0.120	0.065	0.40	0.23
		11	6	0	6.000	3	0.50	0.50	0.12	0.06	0.120	0.065	0.67	0.36
		12	3	3	1.500	0	0.00	1.00	0.12	0.06	0.000	0.000	0.00	0.00
	2	0	25	0	25.000	0	0.00	1.00	1.00	0.00	0.000	0.000	0.00	0.00
		1	25	0	25.000	3	0.12	0.88	0.88	0.06	0.120	0.065	0.13	0.07
		2	22	0	22.000	3	0.14	0.86	0.76	0.08	0.120	0.065	0.15	0.08
		3	19	0	19.000	4	0.21	0.79	0.60	0.10	0.160	0.073	0.24	0.12
		4	15	0	15.000	4	0.27	0.73	0.44	0.10	0.160	0.073	0.31	0.15
		5	11	0	11.000	3	0.27	0.73	0.32	0.09	0.120	0.065	0.32	0.18
		6	8	0	8.000	1	0.13	0.88	0.28	0.09	0.040	0.039	0.13	0.13
		7	7	0	7.000	1	0.14	0.86	0.24	0.09	0.040	0.039	0.15	0.15
		8	6	0	6.000	3	0.50	0.50	0.12	0.06	0.120	0.065	0.67	0.36
		9	3	0	3.000	2	0.67	0.33	0.04	0.04	0.080	0.054	1.00	0.61
		10	1	0	1.000	0	0.00	1.00	0.04	0.04	0.000	0.000	0.00	0.00
		11	1	0	1.000	1	1.00	0.00	0.00	0.00	0.040	0.039	2.00	0.00

表 11—2 给出了两组病人的生存时间中位数（median survival time）。可以看到，患有慢性病的病人术后生存时间的中位数只有 4.625 年，明显低于没有慢性病一组的 8.75。

表 11—2	生存时间中位数	
一阶控制		中位数时间
group	1	8.750
	2	4.625

图 11—6 是生存函数图，可以清楚地看到，有慢性病的病人的累积生存函数明显低于另外一组。

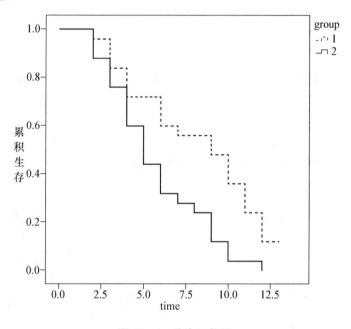

图 11—6 生存函数图

表 11—3 给出了两组患者的生存函数的 Gehan 检验结果。该检验的原假设是两组患者的生存函数没有差异。可以看到，p 值小于 0.05，在 0.05 的显著性水平下可以拒绝原假设，即认为两组患者的生存函数存在差异。

表 11—3	生存函数差异的显著性检验	
Wilcoxon（Gehan）统计量	df	Sig.
5.024	1	0.025

二、Kaplan-Meier 方法及其应用

（一）Kaplan-Meier 方法的基本思路

Kaplan-Meier 方法是卡普兰（Kaplan）和迈耶（Meier）在 1958 年提出的一种估计生存函数的非参数方法，该方法已成为利用非参数方法求生存函数的经典方法。用 Kaplan-Meier 方法得到的累积生存函数的估计量与估计量的方差分别为：

$$\hat{S}(t) = \begin{cases} 1, t < t_1 \\ \prod_{t_i \leqslant t}(1 - \dfrac{d_i}{y_i}), t_1 < t \end{cases} \tag{11.19}$$

$$\widehat{Var}[\hat{S}(t)] = [\hat{S}(t)]^2 \sum_{t_i \leqslant t} \frac{d_i}{y_i(y_i - d_i)} \tag{11.20}$$

式中，t_i 为第 i 个事件发生的时刻；d_i 为时刻 t_i 死亡的人数；y_i 为时刻 t_i 面临死亡风险的人数。

此外，还可以得到生存函数的 p 分位数 x_p 为：

$$x_p = \inf\{t : S(t) \leqslant 1 - p\} \tag{11.21}$$

实际分析中常用的分位数是下四分位数 $x_{0.25}$、中位数 $x_{0.5}$ 以及上四分位数 $x_{0.75}$。

（二）实例分析

这里仍使用生命表分析中的数据。

按照"分析"（Analyze）→"生存函数"（Survival）→"Kaplan-Meier"路径，打开 Kaplan-Meier 主对话框，如图 11—7 所示。

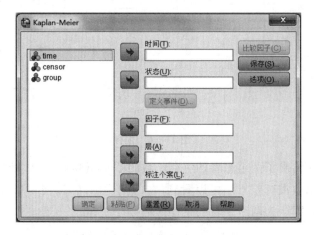

图 11—7　Kaplan-Meier 分析对话框

把变量 time 移动到"时间"（Time）框中，把 group 移动到"因子"（Factor）框中。把变量 censor 移动到"状态"（Status）框中，单击"定义事件"（Define Event）按钮，打开"Kaplan-Meier：定义状态变量事件"（Kaplan-Meier：Define Events for Status Variable）对话框。在"说明已发生事件的值"（Value(s) Indicating Event Has Occurred）这一单选框中选择"单值"（Single value），在本例中 censor 为 0 的案例为死亡，所以填 0；另一选项"值的范围"（Range of values）是指含有设定值的个案为完全数据，其他个案当作删失数据；也可以选择"值的列表"（List of values）。

上述操作如图 11—8 所示。

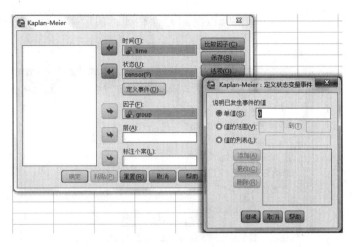

图 11—8 变量指定

返回主对话框，点击"选项"（Options）按钮，打开"Kaplan-Meier：选项"（Kaplan-Meier：Options）对话框，如图 11—9 所示。图 11—9 中"图"（Plots）复选框中的几个选项与图 11—5 的选项相同，此处不再赘述。本例选择生存函数图。

"统计量"（Statistics）复选框除了"生存分析表"（Survival table(s)），还可以选择输出生存时间的均值、中位数和四分位数。

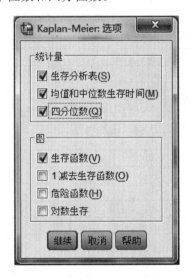

图 11—9 "选项"对话框

返回主对话框，点击"比较因子"（Compare Factor）按钮，打开如图 11—10 所示的对话框。SPSS 提供了三种比较因子在不同水平下生存函数是否相同的检验方法："对数秩"（Log rank）、"Breslow"以及"Tarone-Ware"。对数秩方法是一种大样本卡方检验方法，其基本思想是比较实际死亡（或失效）数与期望死亡（或失效）数的差异。Breslow 检验和 Tarone-Ware 检验都是对数秩检验的变形。对数秩检验对每个失效时间 t_i 赋予相同的权数，而 Breslow 检验和 Tarone-Ware 检验则对每个失效时间赋予不同的权数。Breslow 检验以时刻 t_i 面临死亡风险的人数 y_i 为权数，而 Tarone-Ware 检验则以 $\sqrt{y_i}$ 为权数。本例中我们选择输出三种检验统计量。

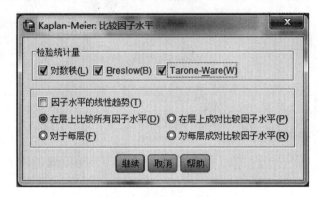

图 11—10　比较因子水平对话框

返回主对话框，单击"确定"（OK），得到结果。

表 11—4 给出了估计的生存表。受篇幅所限，我们仅显示第一组的估计结果。

表 11—4   **生存表**

group		时间	状态	此时生存的累积比例		累积事件数	剩余个案数
				估计	标准误		
1	1	1.800	die	0.960	0.039	1	24
	2	2.200	die	0.920	0.054	2	23
	3	2.500	die	0.880	0.065	3	22
	4	2.600	die	0.840	0.073	4	21
	5	3.000	die	0.800	0.080	5	20
	6	3.500	die	0.760	0.085	6	19
	7	3.800	die	0.720	0.090	7	18
	8	5.300	die	0.680	0.093	8	17
	9	5.400	die	0.640	0.096	9	16
	10	5.700	die	0.600	0.098	10	15
	11	6.600	die	0.560	0.099	11	14
	12	8.200	die	0.520	0.100	12	13
	13	8.700	die	0.480	0.100	13	12
	14	9.200	die	.	.	14	11
	15	9.200	die	0.400	0.098	15	10
	16	9.800	die	0.360	0.096	16	9
	17	10.000	die	0.320	0.093	17	8
	18	10.200	die	0.280	0.090	18	7
	19	10.700	die	0.240	0.085	19	6
	20	11.000	die	0.200	0.080	20	5
	21	11.100	die	0.160	0.073	21	4
	22	11.700	die	0.120	0.065	22	3
	23	12.100	censored	.	.	22	2
	24	12.200	censored	.	.	22	1
	25	12.300	censored	.	.	22	0

表 11—5 给出了生存表的均值和中位数。由表 11—5 可以看出，第一组即没有患慢性病的患者的平均生存时间，无论是用均值还是用中位数来估计，都显著高于第二组。

表 11—5　　　　　　　　　　　生存表的均值和中位数

group	均值[a]				中位数			
	估计	标准误	95％置信区间		估计	标准误	95％置信区间	
			下限	上限			下限	上限
1	7.564	0.717	6.158	8.970	8.700	1.624	5.518	11.882
2	5.280	0.562	4.178	6.382	4.700	0.666	3.394	6.006
整体	6.422	0.480	5.481	7.363	5.700	0.766	4.199	7.201

a. 如果估计值已删失，那么它将限制为最长的生存时间。

表 11—6 给出了生存时间的四分位数。同样可以看出，第一组患者生存时间的三个四分位数，尤其是下四分位数和中位数，明显高于第二组。

表 11—6　　　　　　　　　　　生存表的三个四分位数

group	25.0％		50.0％		75.0％	
	估计	标准误	估计	标准误	估计	标准误
1	10.700	0.712	8.700	1.624	3.800	1.721
2	7.800	1.708	4.700	0.666	3.100	0.524
整体	9.200	0.664	5.700	0.766	3.500	0.444

表 11—7 给出了两组患者生存函数是否相同的检验结果。由表 11—7 可以看出，无论是哪个统计量，其对应的 p 值都小于 0.05，即拒绝原假设，可以认为两组患者的生存函数存在显著差异。

表 11—7　　　　　　　　　　　生存函数的检验

	卡方	df	Sig.
Log Rank（Mantel-Cox）	7.993	1	0.005
Breslow（Generalized Wilcoxon）	5.152	1	0.023
Tarone-Ware	6.577	1	0.010

为 group 的不同水平检验生存分布等同性。

图 11—11 给出了两组患者的累积生存函数图。图中用符号"＋"表示删失数据。

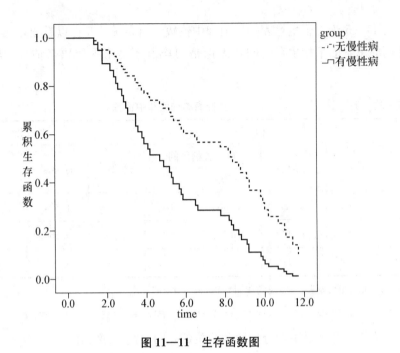

图 11—11　生存函数图

第三节　参数方法

一、参数方法的基本思路

　　上一节所介绍的生命表和 Kaplan-Meier 两种非参数方法适用于对样本生存函数形式不了解的情形。人们在长期的实践中发现，有些分布可以很好地拟合生存时间的经验分布。如果在这种情况下假定生存时间服从某个已知分布，则使用参数方法将会使生存分析过程简单易行，结果便于解释。

　　由于生存时间的密度函数、累积生存函数以及风险函数之间可以相互推导，因此在生存分析的参数方法中，只需要指定三者之一，即可进行估计。下面介绍几种常见的参数模型。

　　1. 指数分布

　　指数分布是一种应用极其广泛的单参数分布，它最大的特点是风险函数为常数，即

$$h(t)=\lambda \tag{11.22}$$

　　指数分布常用在可靠性分析中，我们常常假定在比较短的时间区间内，电器产品部件的使用寿命会服从指数分布。但很少把指数分布当作人的生存模型。

　　2. 线性危险率分布

　　顾名思义，线性危险率分布就是风险函数是时间的线性函数的分布，即

$$h(t)=\lambda+\gamma t,\ t\geqslant 0 \tag{11.23}$$

线性危险率分布常常作为指数分布的一个修正，它的使用范围比指数分布稍微广泛一些。它常用于可靠性分析，有时也用于对恶性病晚期的分析。

3. Gompertz 分布

这个分布是冈珀茨（Gompertz）在1825年提出的，常用于刻画人的生存分布，其对应的风险函数为：

$$h(t)=\lambda\exp(\gamma t),\ t\geqslant 0 \tag{11.24}$$

Gompertz 分布能够比较好地拟合生物出生、成长、衰老、死亡的全过程，所以目前在人口、保险精算、可靠性分析和生物医疗等领域都得到了广泛应用。

由式（11.24）可以看出，在 Gompertz 分布中，除了 λ 以外，还有一个参数 γ，γ 称为形状（shape）参数。如果 $\gamma>0$，则风险函数是时间的增函数；如果 $\gamma=0$，则风险函数是常数，此时 Gompertz 分布退化为指数分布；如果 $\gamma<0$，则风险函数是时间的减函数。

4. Weibull 分布

Weibull 分布和 Gompertz 分布一样，有着广泛的应用领域，其对应的风险函数为：

$$h(t)=\lambda p t^{p-1},\ t\geqslant 0 \tag{11.25}$$

由式（11.25）可以看出，Weibull 分布的形状参数为 p。如果 $p>1$，则风险函数是时间的增函数；如果 $p=1$，则风险函数是常数，此时 Weibull 分布退化为指数分布；如果 $p<1$，则风险函数是时间的减函数。

5. Log-logistic 分布

Log-logistic 分布对应的风险函数为：

$$h(t)=\frac{\lambda\gamma t^{\gamma-1}}{1+\lambda t^{\gamma}},\ t\geqslant 0 \tag{11.26}$$

式中，形状参数 $\gamma>0$。

由式（11.26）可知，如果 $\gamma\leqslant 1$，则风险函数是时间的减函数；如果 $\gamma>1$，则风险函数先增后减。显然，Log-logistic 更为灵活。

此外，常用的分布还包括广义 gamma 分布和对数正态分布，但是这些模型较为复杂，其风险函数只能表示为积分形式。

在参数模型中，通常将 λ 表示为协变量的函数，而形状参数则被假定为常数。记协变量向量为 $\boldsymbol{X}=(X_1,\ X_2,\ \cdots,\ X_p)'$，定义如下的线性组合：

$$\boldsymbol{\beta}'\boldsymbol{X}\equiv\beta_0+\beta_1 X_1+\beta_2 X_2+\cdots+\beta_p X_p \tag{11.27}$$

式中，$\boldsymbol{\beta}'=(\beta_0,\ \beta_1,\ \beta_2,\ \cdots,\ \beta_p)$ 为回归系数。再将 λ 参数化为：

$$\lambda=\exp(\boldsymbol{\beta}'\boldsymbol{X}) \tag{11.28}$$

这样，对参数的估计就转变为对回归系数的估计。假定了参数模型之后，即可采用极大似然估计或最小二乘估计等方法对未知参数进行估计。

对于指数模型、Gompertz 模型和 Weibull 模型，由于形状参数假定为常数，因此容易推出：如果协变量 X_i 变化一个单位，则风险函数的比率（hazard ratio）为：

$$HR=\frac{\exp[\beta_i(X_i+1)]}{\exp(\beta_iX_i)}=\exp(\beta_i) \tag{11.29}$$

二、实例分析

仍然使用前面例子所使用的数据。由于 SPSS 没有提供生存分析的参数方法，因此本节以 Stata 为工具介绍生存分析的参数方法。

在 Stata 中进行生存分析，首先需要将数据定义为生存数据库，命令为：

stset timevar [if] [weight] [, single_options]

其中，timevar 是时间变量；[if] 选项用来设定选择记录的条件；[weight] 选项用来指定对个案进行加权的方法；[, single _ options] 选项用来指定失效事件（failure）、对时间进行重新刻度（scale）、个体面临风险的时间（origin）以及个体进入（enter）或退出（exit）研究的时间等。

本例使用的命令为：

stset time, failure(censor==0) scale(1)

然后可以对各种参数模型进行拟合，Stata 采用极大似然方法进行参数估计。命令为：

stset [varlist] [if] [in] [, options]

其中，[varlist] 指定协变量；[if] 选项用来设定选择记录的条件；[in] 选项用来指定分析使用的个案；[, options] 选项用来指定是否包括常数项（nonconstant）、生存时间的分布（distribution）以及是否使用加速失效时间假定（time）。Stata 软件能够拟合指数模型、Gompertz 模型、Log-logistic 模型、Weibull 模型、对数正态模型和广义 gamma 模型。

本例中只有 group 一个协变量。对于指数模型、Gompertz 模型和 Weibull 模型，可以选择输出回归系数的估计值或者输出风险函数的比率。如果直接输出回归系数，拟合的命令分别为：

streg group, d(e) nohr
streg group, d(gom) nohr
streg group, d(w) nohr

其中，nohr 规定输出回归系数的估计值。如果希望输出风险函数的比率，则使用命令：

streg group,d(e)

streg group,d(gom)

streg group,d(w)

在各种分布下得到的参数估计结果如图 11—12 至图 11—14 所示。

```
Exponential regression -- log relative-hazard form
```

No. of subjects	=	50	Number of obs	=	50
No. of failures	=	47			
Time at risk	=	320.799999			
			LR chi2(1)	=	2.76
Log likelihood	=	−58.892341	Prob > chi2	=	0.0965

_t	Coef.	Std. Err.	z	P>|z|	[95% Conf. Interval]
group	.4857197	.2923261	1.66	0.097	−.0872289	1.058668
_cons	−2.635366	.4709758	−5.60	0.000	−3.558461	−1.71227

图 11—12 指数模型的拟合结果

```
Gompertz regression -- log relative-hazard form
```

No. of subjects	=	50	Number of obs	=	50
No. of failures	=	47			
Time at risk	=	320.799999			
			LR chi2(1)	=	8.05
Log likelihood	=	−47.017133	Prob > chi2	=	0.0046

_t	Coef.	Std. Err.	z	P>|z|	[95% Conf. Interval]
group	.8727456	.3068478	2.84	0.004	.2713348	1.474156
_cons	−4.401149	.6412195	−6.86	0.000	−5.657916	−3.144382
/gamma	.2357536	.0483298	4.88	0.000	.141029	.3304782

图 11—13 Gompertz 模型的拟合结果

```
Weibull regression -- log relative-hazard form
```

No. of subjects	=	50	Number of obs	=	50
No. of failures	=	47			
Time at risk	=	320.799999			
			LR chi2(1)	=	7.25
Log likelihood	=	−45.843738	Prob > chi2	=	0.0071

_t	Coef.	Std. Err.	z	P>|z|	[95% Conf. Interval]
group	.8117183	.3003567	2.70	0.007	.2230299	1.400407
_cons	−5.241121	.7790251	−6.73	0.000	−6.767983	−3.71426
/ln_p	.7053848	.1192644	5.91	0.000	.471631	.9391387
p	2.024626	.2414657			1.602606	2.557777
1/p	.4939185	.0589069			.3909644	.6239837

图 11—14 Weibull 模型的拟合结果 (1)

可以看到，三个参数模型的拟合结果不同。通过比较对数似然函数的大小，可以判断哪个模型的拟合效果较好。按照极大似然估计的思想，似然函数值衡量了当总体服从某个分布时得到特定样本的可能性。因此对数似然函数值越大，表示在这个总体分布形式下出现现有样本的可能性越大。注意，对数似然函数值是负的，所以绝对值越小越好。在本例中，对比这三种模型的对数似然值，Weibull 模型和 Gompertz 模型对样本数据拟合得比较好。由图 11—13 和图 11—14 可以看到，Gompertz 模型的形状参数大于 0，Weibull 模型的形状参数大于 1，都表明风险函数是时间的增函数。两个模型对 group 变量的系数的估计值很接近，都表明 group＝2 的一组也就是患有慢性病的患者死亡的风险率更高。

根据 Weibull 模型的估计结果可知，group＝2 的一组相对于 group＝1 的一组的风险函数比率为 2.25（见图 11—15），该数值也可以由回归系数计算出来，即 $\exp(0.811\,718\,3)$。

_t	Haz. Ratio	Std. Err.	z	P>|z|	[95% Conf. Interval]	
group	2.251774	.6763354	2.70	0.007	1.249858	4.056849
/ln_p	.7053848	.1192644	5.91	0.000	.471631	.9391387
p	2.024626	.2414657			1.602606	2.557777
1/p	.4939185	.0589069			.3909644	.6239837

图 11—15　Weibull 模型的拟合结果（2）

第四节　半参数方法

协方差分析是利用线性回归方法消除混杂因素的影响后进行的方差分析。例如，考虑药物对患者血糖变化的影响，要比较试验组与对照组患者血糖变化的均值是否有显著差异，以确定药物的有效性。但血糖的变化除了受药物的影响外，可能还受患者年龄、病程以及用药前血糖值等因素的影响。所以在比较药物疗效时，首先要消除这些因素的影响。

在生存分析中我们也会遇到类似的问题，所不同的是我们最感兴趣的是个体的生存时间，而个体的某些额外特征也会影响他们的生存状况。例如，个体的人口统计变量——年龄、性别、社会经济状况、受教育程度等，行为变量——饮食习惯、吸烟历史、身体锻炼水平、饮酒习惯等，生理变量——血压、血糖水平、心率等，这些变量中可能有一个或多个会对研究个体的生存状况有明显的影响。比如在前面的例子中我们就发现，是否患有慢性病对病人术后的生存状况有明显的影响。与协方差分析一样，这些对生存时间有影响的变量称为协变量。在可靠性研究加速寿命试验中，协变量也称为加速因子。

在生存分析中无疑也应当考虑协变量，问题在于如何把这些变量纳入考虑范围，或者说用什么统计方法进行分析。在多变量场合我们通常会想到利用多元回归分析，但是，在这里我们不能直接利用多元回归方法，这是因为：其一，多元回归分析中假定因变量要服从正态分布，但生存数据很少服从正态分布；其二，生存数据中存在删失数据，而多元回归只针对完全数据。在这种背景下，考克斯（Cox）提出了 Cox 半参数比例风险回归模型，该模型很好地解决了这些问题。

一、Cox 半参数模型的基本原理

Cox 比例风险模型是广义的回归模型，因为它只假定风险函数由两部分构成：一是基准风险函数；二是协变量线性组合的指数。其中，关于基准风险函数的形式没有做任何假定，因而，Cox 比例风险模型可以认为是一个非参数模型。但是，在这个模型中还有求协变量回归参数的问题，因此称为 Cox 半参数模型。

这里我们介绍 Cox 独立协变量比例风险模型和 Cox 时间相依性协变量比例风险模型。"独立协变量"和"时间相依性协变量"的区别在于协变量的取值是否与时间有关。

（一）Cox 独立协变量比例风险模型

Cox 独立协变量比例风险模型可以写成如下形式：

$$h\{(t),(z_1,z_2,\cdots,z_m)\}=h_0(t)\exp(\beta_1z_1+\beta_2z_2+\cdots+\beta_mz_m) \tag{11.30}$$

式中，z_1，z_2，$\cdots$，z_m 为协变量，这里协变量的取值与时间无关；β_1，β_2，$\cdots$，β_m 为协变量 z_1，z_2，$\cdots$，z_m 的未知参数；$h_0(t)$ 是基准风险函数，它与协变量无关，是当所有协变量的值为 0 时在 t 时刻风险函数的值。

由式（11.30）可以看出，风险函数 $h\{(t),(z_1,z_2,\cdots,z_m)\}$ 是一个带有协变量 z_1，z_2，$\cdots$，z_m 的随机变量，由失效时间和协变量的取值共同决定。

式（11.30）两边同时除以 $h_0(t)$，再取对数，使模型线性化，即

$$\ln[h\{(t),(z_1,z_2,\cdots,z_m)\}/h_0(t)]=\beta_1z_1+\beta_2z_2+\cdots+\beta_mz_m \tag{11.31}$$

容易看出，式（11.30）的模型隐含两个假定：第一，风险函数与协变量之间有对数线性关系；第二，基准风险函数与协变量的对数线性函数之间是乘积关系。

在实际应用中，常常计算两个不同个体风险函数的比率，即危险率。假定给出两个个体的观察值分别为（z_1，z_2，$\cdots$，z_m）和（z_1^*，z_2^*，$\cdots$，z_m^*），那么对应的危险率与时间无关，等于一个常数，即

$$\frac{h\{(t),(z_1,z_2,\cdots,z_m)\}}{h\{(t),(z_1^*,z_2^*,\cdots,z_m^*)\}}=\frac{\exp(\beta_1z_1+\beta_2z_2+\cdots+\beta_mz_m)}{\exp(\beta_1z_1^*+\beta_2z_2^*+\cdots+\beta_mz_m^*)}$$

$$=\exp\left\{\sum_{i=1}^m\beta_i(z_i-z_i^*)\right\} \tag{11.32}$$

正是由于危险率是与时间无关的常数，式（11.30）称为比例风险模型（proportional hazard model）。

Cox 比例风险模型用极大似然估计方法进行估计，检验统计量包括似然比检验和 Wald 检验。

（二）Cox 时间相依性协变量比例风险模型

独立协变量比例风险模型的一个重要特征是协变量与时间无关，这样在任意时刻

两个风险函数的比值都是常数。这个假设在实际应用中是有问题的。例如，在研究病人手术后生存时间的问题时，年龄这个协变量对生存时间的影响在手术刚刚完成时要比在病人已经初步恢复后更大；又比如，在可靠性领域加速寿命试验的研究中，常常会将电压作为协变量，在实验中电压要逐步加大，很显然这里的协变量是随时间变化的。在上述情况下，需要将协变量表示成一种时间的函数，即

$$h\{(t),(z_1(t),z_2(t),\cdots,z_m(t))\}=h_0(t)\exp(\beta_1 z_1(t)+\beta_2 z_2(t)+\cdots+\beta_m z_m(t))$$
$$(11.33)$$

此时，危险率将是时间的函数，而不再是常数，即

$$\frac{h\{(t),(z_1(t),z_2(t),\cdots,z_m(t))\}}{h\{(t),(z_1^*(t),z_2^*(t),\cdots,z_m^*(t))\}}=\frac{\exp(\beta_1 z_1(t)+\beta_2 z_2(t)+\cdots+\beta_m z_m(t))}{\exp(\beta_1 z_1^*(t)+\beta_2 z_2^*(t)+\cdots+\beta_m z_m^*(t))}$$
$$=\exp\Big\{\sum_{i=1}^m \beta_m[z_m(t)-z_m^*(t)]\Big\} \quad (11.34)$$

式（11.33）称为时间相依性协变量比例风险模型。虽然该模型的形式与式（11.30）相似，但由于危险率不再是常数，因此并不符合比例风险模型的假定，严格来说应称为扩展的 Cox 模型。

Cox 时间相依性协变量比例风险模型的估计和检验方法与独立协变量比例风险模型相同。

二、实例分析

（一）Cox 独立协变量比例风险模型

考虑前两节中使用的数据。有医生在长期术后随访中发现，年龄较大的病人好像比年龄较小的病人更容易死亡。为了检验他的怀疑是否正确，我们把这些病人做手术时的年龄 age 考虑进去。数据如图 11—16 所示。

	time	censor	group	age
1	12.3	1	1	28
2	5.4	0	1	45
3	8.2	0	1	56
4	12.2	1	1	37
5	11.7	0	1	29
6	10.0	0	1	61
7	5.7	0	1	40
8	9.8	0	1	46
9	2.6	0	1	23
10	11.0	0	1	26
11	9.2	0	1	28
12	12.1	1	1	22

图 11—16 带有年龄的数据

按照路径"分析"（Analyze）→"生存函数"（Survival）→"Cox 回归"（Cox Regression），打开 Cox 回归主对话框，如图 11—17 所示。

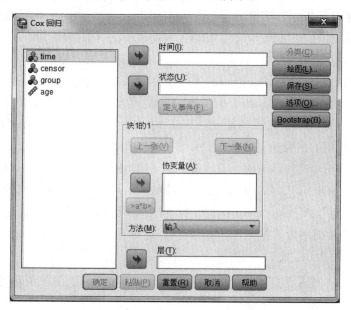

图 11—17　Cox 回归对话框

把变量 time 移到"时间"（Time）框中，把变量 censor 移到"状态"（Status）框中，与前两节的操作一样，定义事件的状态。把变量 group 和 age 移到"协变量"（Covariates）栏中。注意，在这一栏中也可以选择协变量的交互项（使用">a * b>"按钮移动变量），不过本例并没有引入交互项。上述操作如图 11—18 所示。

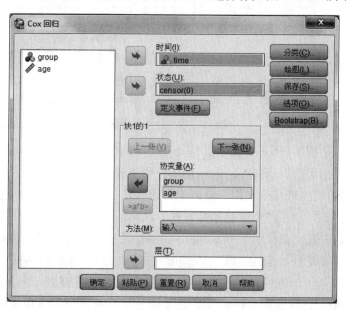

图 11—18　定义变量对话框

在"方法"（Method）下拉菜单中选择变量进入模型的方法。共有 7 种方法：

- "输入"（Enter）：强迫进入法；
- "转发：条件"（Forward：Conditional）：向前逐步法（条件似然比）；
- "转发：LR"（Forward：LR）：向前逐步法（似然比）；
- "转发：Wald"（Forward：Wald）：向前逐步法（Wald）；
- "向后：条件"（Backward：Conditional）：向后逐步法（条件似然比）；
- "向后：LR"（Backward：LR）：向后逐步法（似然比）；
- "向后：Wald"（Backward：Wald）：向后逐步法（Wald）。

本例使用的是强迫进入法。

单击"分类"（Categorical）按钮，在弹出的"Cox 回归：定义分类协变量"（Cox Regression：Define Categorical Covariates）对话框中，选择变量 group 进入"分类协变量"（Categorical Covariate）框中，设置它的对比方式为"指示符"（Indicator），参考类别为"第一个"（First），并单击"更改"（Change）按钮修改属性，如图 11—19 所示。

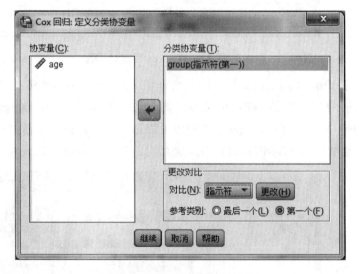

图 11—19   分类协变量对话框

单击"绘图"（Plots）按钮，打开"Cox 回归：图"（Cox Regression：Plots）对话框，在"图类型"（Plot Type）复选框中选择"生存函数"（Survival）。在默认情况下，SPSS 将生成协变量取均值的生存函数图。如果想生成协变量取某一特定值的生存函数图，可以在"协变量值的位置"（Covariate Values Plotted at）框中选择特定的协变量，并在"更改值"（Change Value）栏中指定协变量的具体取值，具体步骤是：选定协变量后，选择"值"（Value）项，并在它后面的空格里填入具体数值，然后按"更改"（Change）按钮修改。还可以把分类变量移到"单线"（Separate Lines for）一栏中，这样会在生存函数图中为每一分类生成一条生存函数曲线，如图 11—20 所示。

图 11—20 "绘图"选项

单击"选项"（Options）按钮，打开"Cox 回归：选项"（Cox Regression：Options）对话框，如图 11—21 所示。在"模型统计量"（Model Statistics）复选框中，选择"CI 用于 exp(B)"（CI for exp(B)），置信水平取95％；选择"估计值的相关性"（Correlation of estimates），显示回归系数估计值的相关系数矩阵；在"显示模型信息"（Display model information）一栏选择"在最后一个步骤中"（At last step），显示最后逐步回归过程的统计量；"步进概率"（Probability for Stepwise）一栏用来设定协变量进入模型或从模型中剔除的概率，保持默认值就可以了；选择"显示基线函数"（Display baseline function）选项，生成基准风险函数、协变量均值生存函数和风险函数表。

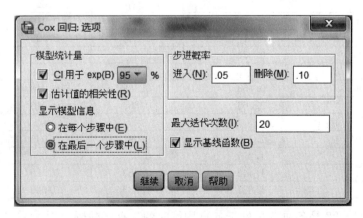

图 11—21 "选项"对话框

回到主对话框中，点击"确定"（OK），得到分析结果。

　　表 11—8 给出了模型系数的综合检验结果。可以看到，检验统计量为 8.637，p 值小于 0.05，在 0.05 的显著性水平下，回归模型是显著的。这说明在回归变量中至少有些变量对生存时间是有显著影响的。

表 11—8　　　　　　　　　　　　模型系数的综合检验[a]

−2 倍对数似然值	整体（得分）			从上一步骤开始更改			从上一块开始更改		
	卡方	df	Sig.	卡方	df	Sig.	卡方	df	Sig.
285.421	8.637	2	0.013	8.195	2	0.017	8.195	2	0.017

　　a. 起始块编号 1。方法＝输入。

　　那么到底哪些变量显著呢？表 11—9 给出了进入模型的各个协变量系数的估计与检验结果。可以看到，group 两个协变量的 Wald 检验的 p 值小于 0.05，而 age 的 p 值大于 0.05，因此在 0.05 的显著性水平下，可以认为是否患有慢性病对术后患者的生存状况有显著影响，而年龄则没有显著影响。group 的参数估计值为 0.793，所以 group 是危险因素，其指数为 2.21，即假如 A，B 两人同为患者，如果 A 有慢性病而 B 没有，那么 A 的死亡危险率就是 B 的 2.21 倍。

表 11—9　　　　　　　　　　　　单个模型系数的检验

	B	SE	Wald	df	Sig.	Exp(B)	95.0% CI 用于 Exp(B)	
							下部	上部
group	0.793	0.322	6.076	1	0.014	2.210	1.176	4.152
age	0.007	0.009	0.580	1	0.446	1.007	0.989	1.025

　　表 11—10 给出了各生存时点的基线风险函数（baseline cum hazard），以及当协变量取均值时的生存率（Survival）、生存率的标准误（SE）和基线风险函数的标准误（SE of cum hazard）。受篇幅限制，这里省略了部分时间的估计结果。

表 11—10　　　　　　　　　　　　生存表

时间	基线累积风险函数	在协变量的均值处		
		生存	SE	累积风险函数
1.4	0.009	0.982	0.018	0.019
1.6	0.019	0.963	0.025	0.038
1.8	0.038	0.925	0.035	0.077
2.2	0.048	0.907	0.039	0.098
2.4	0.058	0.888	0.043	0.119
2.5	0.069	0.869	0.046	0.140
...				
11.0	1.179	0.091	0.040	2.397
11.1	1.291	0.072	0.036	2.625
11.4	1.446	0.053	0.029	2.941
11.7	1.681	0.033	0.023	3.418

　　图 11—22 是各协变量处于各自均值时的生存函数图，图 11—23 则给出在 group 的两个水平下 age 处于均值时的生存函数图。由图 11—23 可以看出，无慢性病一组

的患者生存函数值明显大于另外一组。

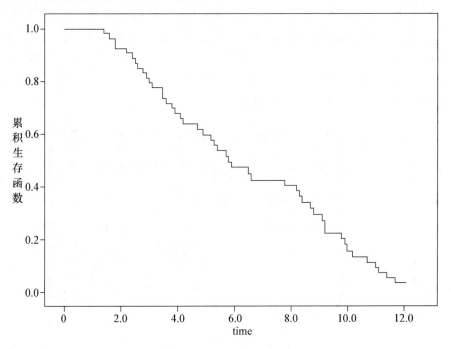

图 11—22 协变量取均值时的生存函数

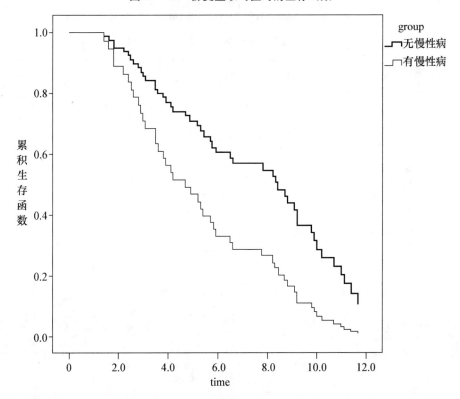

图 11—23 group 两个水平下 age 取均值时的生存函数

此外，Cox 半参数模型不仅可以输出平均累积生存函数图，还可以输出协变量任意取值组合下的累积生存函数图，以深入了解各取值组合下患者的生存状况。例如，我们想了解 50 岁做手术并且有慢性病的患者的生存情况，进入图 11—24 所示的特定值指定对话框，在窗口中输入我们感兴趣的协变量值（50），就可以得到该特定值对应的生存函数图，如图 11—25 所示。可以看到，图 11—25 与图 11—22 非常相似，这也说明年龄不影响术后的生存情况。

图 11—24　设定协变量的具体取值

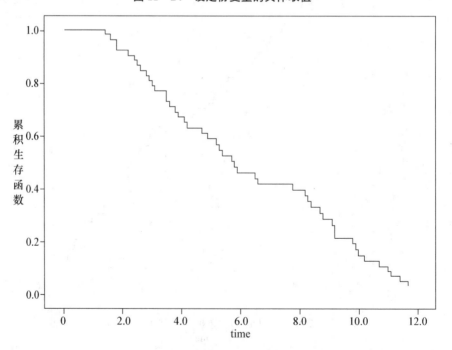

图 11—25　50 岁做手术且有慢性病的患者的生存函数

(二) 含时间相依性协变量的 Cox 回归

在随访期间，患者的实际年龄会随时间变化，如果考虑实际年龄对风险函数的影响，则要用到含时间相依性协变量的 Cox 回归，这时要增加一个变量表示实际年龄，作为模型的时间相依性协变量。这里仍然以上面的数据为例演示如何增加时间相依性协变量。

打开数据文件。按照路径"分析"（Analyze）→"生存函数"（Survival）→"Cox 依时协变量"（Cox w/Time-Dep Cov），打开"计算依时协变量"（Compute Time-Dependent Covariate）对话框，在"T_COV_ 的表达式"（Expression for T_COV_）栏中填入 age+time，如图 11—26 所示。当然，也可以根据依时变量的定义在"函数组"（Function group）列表中选择任意函数作为表达式中的元素。

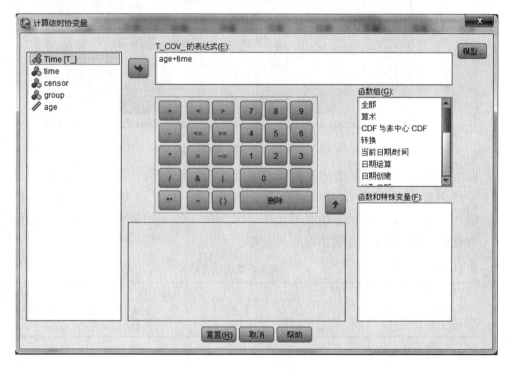

图 11—26 依时协变量的定义

单击"模型"（Model）按钮，这时会弹开一个对话框显示"此表达式不使用时间变量 T_，协变量不是依时的"（This expression does not use the time variable T_. The covariate is not time dependent）。不用理会该提示，单击确定，打开"Cox 回归"（Cox Regression）对话框，把变量 T_COV_ 和 group 移到"协变量"（Covariates）栏中，其他操作不再赘述。如图 11—27 所示。

如果定义了依时变量，SPSS 将无法作出生存曲线图，也不能给出生存分析表，其主要输出结果是模型系数的综合检验和进入模型的变量的单个系数的估计与检验。

表 11—11 给出了模型系数的综合检验，表 11—12 给出了单个系数的估计与检

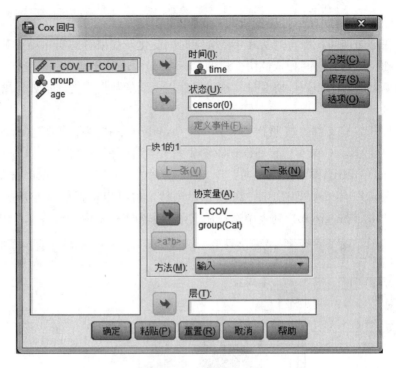

图 11—27　模型设定

验。表 11—11 显示，模型的整体显著性检验统计量为 8.126，p 值小于 0.05，在 0.05 的显著性水平下，回归模型是显著的。进一步，由表 11—12 可以看到，T_COV_ 的 Wald 检验的 p 值大于 0.05，因此在 0.05 的显著性水平下，不能认为该系数显著，即危险率与患者术后时间无关。

表 11—11　　　　　　　　　　　　　　模型系数的综合检验[a]

−2 倍对数似然值	整体（得分）			从上一步骤开始更改			从上一块开始更改		
	卡方	df	Sig.	卡方	df	Sig.	卡方	df	Sig.
285.780	8.126	2	0.017	7.836	2	0.020	7.836	2	0.020

a. 起始块编号 1。方法＝输入。

表 11—12　　　　　　　　　　　　　　模型系数的检验

	B	SE	Wald	df	Sig.	Exp(B)
T_COV_	−0.004	0.009	0.215	1	0.643	0.996
group	−0.893	0.322	7.704	1	0.006	0.409

第五节　生存分析的注意事项

对于历时较长的研究而言，个体首次进入研究的时间可能相距较远，此时，研究者有必要检验进入较早的个体与进入较晚的个体之间是否存在显著差异。如果存在显著差异，可能意味着这两部分个体来自不同的总体。对于这种情况，需要根据进入时间对个体进行分层研究。

　　在本章的分析中，删失都是指随机删失，即数据删失与否独立于处理本身或者个体的特征。如果不是随机删失，则本章介绍的分析方法失效，需要采取更为高级的分析方法，请读者参阅生存分析的专著。

第十二章

结构方程模型

多元统计分析的基础是能够对所研究的现象进行测量。测量的结果有的表现为数值，即所谓的定量变量，例如长度、重量、生存时间、收入、市场份额等；有的则以文字表示，即所谓的定性变量，例如健康状况、乘车类型等。在实际研究中，人们可以根据变量的类型选择相应的统计分析方法对问题进行研究。

但是在现实中，并不是所有的现象都能直接测量。例如，影响个人收入水平的因素除了受教育程度、工龄和性别之外，个人能力也是一个重要的影响因素，但是能力如何测量呢？还有一种情况，研究者关注的现象是多个维度的内容复合而成的结果，例如企业很关心顾客对其产品或服务的满意度，但是对产品的满意度体现在很多方面，比如对产品外观的满意度、对产品性能的满意度、对产品售后服务的满意度，等等。虽然可以对每个方面的满意度分别进行研究，但是如果希望对满意度进行综合研究，应该怎么分析呢？

对于上述两种情况，都可以视为潜变量（latent variables）问题。所谓潜变量，即本身不可以直接测量，但可以通过分析若干可测变量之间的关系推导出其存在的变量。结构方程模型就是一种研究潜变量之间关系的分析方法。本章介绍结构方程模型的基本原理及其在 AMOS 软件中的实现。

第一节　结构方程模型概述

一、结构方程模型的基本形式

如前所述，结构方程模型（structural modeling，SEM）研究的关键问题是潜变量之间的关系，因此涉及两个层次，一是潜变量的度量，二是潜变量之间关系的分析。关于潜变量的度量，可以采用验证性因子分析的方法（confirmatory factor analysis，CFA）；关于潜变量之间关系的分析，可以采用路径分析方法（path analysis，PA），因此结构方程模型是 CFA 和 PA 的结合。

（一）路径分析

路径分析最早是由休厄尔·赖特（Sewall Wright）于 20 世纪 20 年代提出的，该方法采取路径图的形式表示变量之间多层次的因果关系。例如，图 12—1 就是一个简单的路径图。图中的方框分别代表三个变量，箭头表示变量之间的因果关系，箭头起点的变量为原因变量，箭头终点的变量为结果变量。

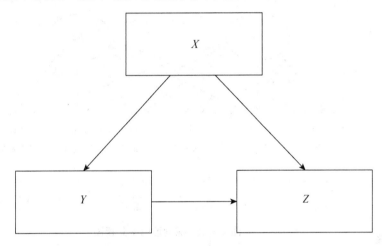

图 12—1　路径图

如果以回归方程来表示变量之间的关系，应当是两个方程，即

$$\begin{cases} Y = \beta_{10} + \beta_{11} X + \varepsilon_1 \\ Z = \beta_{20} + \beta_{21} X + \beta_{22} Y + \varepsilon_2 \end{cases} \tag{12.1}$$

显然，路径分析的本质是多方程的回归分析。

（二）验证性因子分析

本书第三章介绍了因子分析方法。在那里在进行因子分析之前，我们关于变量之间的关系没有做任何假定，完全根据因子分析的结果来确定公共因子结构，这种因子分析也称为探索性因子分析（exploratory factor analysis，EFA）。但是有些时候根据相关理论或已有的实证分析结果，人们对于因子结构已经有一些假定，需要做的是根据样本数据来验证这种假定的结构是否成立。这种分析就是验证性因子分析，是由约斯克格（Jöreskog）在 1966 年开发的。

与 EFA 一样，CFA 也是将观测变量表示为公共因子和测量误差的函数，即因子模型。所不同的是，在 EFA 中，对于公共因子的数目和因子载荷的大小都不做任何假定，当然有时候也会事先指定因子数目，不过通常假定因子之间是无关的；而在 CFA 中，对于公共因子的数目和因子载荷的大小做了一些假定，但对因子之间的关系通常不做假定。下面以图的方式解释两种方法的差异。

图 12—2 和图 12—3 是两个因子、六个观测变量的因子分析模型，前者为 EFA 图，后者为 CFA 图。图中椭圆内的变量表示因子，方框内的变量表示观测变量，最下方圆内的变量为测量误差。可以看到，在图 12—2 中，每个因子都与六个观测变量连接，即对两个公共因子与六个观测变量之间的关系没有做任何假定，而且因子之间没有连接，表示假定两个公共因子无关。而在图 12—3 中，每个因子都仅与三个观测变量连接，即假定 $X_1 \sim X_3$ 仅依赖于 F_1，而 $X_4 \sim X_6$ 仅依赖于 F_2，而且因子之间用双向箭头连接，表示假定两个公共因子相关。

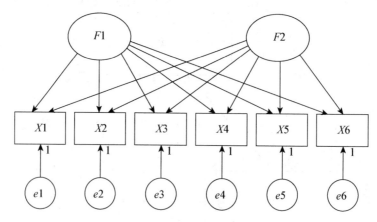

图 12—2　探索性因子分析图

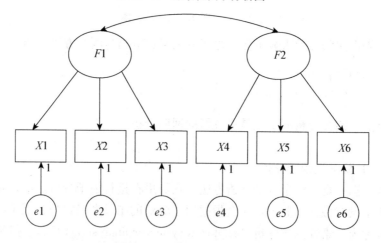

图 12—3　验证性因子分析图

容易看到，由于增加了一些假定，因此 CFA 比 EFA 更为简约。

（三）结构方程模型

在路径分析中，涉及的变量都是可测变量，研究的是可测变量之间的因果关系；

在验证性因子分析中，涉及可测变量与不可测因子之间的关系，换言之，CFA解决了如何从可测变量的信息中提取出不可测变量的问题。在CFA中，我们只是假定因子之间有相关性，而没有进一步分析因子之间是如何相互影响、相互决定的。如果把PA和CFA相互结合，即可以在CFA的基础上进一步揭示因子之间的因果关系，从而演变为结构方程模型。

以图的方式来演示，只需把图12—3中因子之间表示相关的双向箭头改为表示因果路径的单向箭头，即得到如图12—4所示的结构方程模型图。

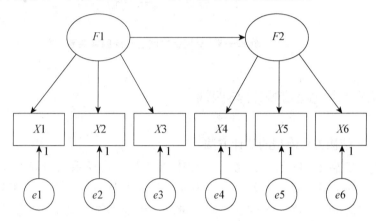

图12—4　结构方程模型图

在图12—4中，F_1是原因变量，称为外生潜变量；F_2是结果变量，称为内生潜变量。一般，以$\boldsymbol{\xi}$表示外生潜变量，其对应的测量变量记为$\boldsymbol{X}$；以$\boldsymbol{\eta}$表示内生潜变量，其对应的测量变量记为$\boldsymbol{Y}$。

结构方程模型由两部分组成，第一部分为测量模型，反映潜变量（即因子）与可测变量之间的关系，其数学表达为：

$$\begin{cases} \boldsymbol{X} = \boldsymbol{\Lambda}_x \boldsymbol{\xi} + \boldsymbol{\delta} \\ \boldsymbol{Y} = \boldsymbol{\Lambda}_y \boldsymbol{\eta} + \boldsymbol{\varepsilon} \end{cases} \tag{12.2}$$

式中，$\boldsymbol{\Lambda}_x$和$\boldsymbol{\Lambda}_y$为因子载荷矩阵；$\boldsymbol{\delta}$和$\boldsymbol{\varepsilon}$为测量误差向量。

第二部分为结构模型，反映潜变量之间的关系，其数学表达为：

$$\boldsymbol{\eta} = \boldsymbol{B}\boldsymbol{\eta} + \boldsymbol{\Gamma}\boldsymbol{\xi} + \boldsymbol{\zeta} \tag{12.3}$$

式中，$\boldsymbol{B}$和$\boldsymbol{\Gamma}$为路径系数矩阵；$\boldsymbol{\zeta}$为随机误差向量。

结构方程模型可以分为两种类型：递归模型和非递归模型。所谓递归模型，是指潜变量之间只有单向的因果关系且所有的误差项之间无关的模型。如果潜变量之间有双向的因果关系，出现如图12—5所示的环，或者随机误差项之间相关，则为非递归模型。

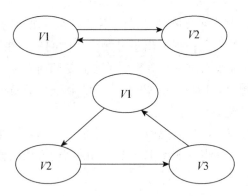

图 12—5　潜变量之间的双向因果关系

二、结构方程模型的估计与识别

（一）结构方程模型的估计方法

结构方程模型的基本任务是估计因子载荷、路径系数以及几个方差协方差矩阵，包括外生潜变量的方差协方差矩阵、测量误差的方差协方差矩阵和随机误差的方差协方差矩阵。由于潜变量没有测量值，因此不能直接采用回归分析的方法来估计路径系数。结构方程模型参数估计的基本思想是：由假定的模型推导出可测变量的理论方差协方差矩阵，该矩阵是未知参数的函数；抽取样本之后可以计算出可测变量的方差协方差矩阵；如果假定的模型正确，则这两个方差协方差矩阵应当很接近。

具体来看，结构方程模型的估计方法是：构造理论方差协方差矩阵与样本方差协方差矩阵之间的距离函数 $F(\boldsymbol{\Sigma}(\boldsymbol{\theta})，\boldsymbol{S})$，其中，$\boldsymbol{\Sigma}(\boldsymbol{\theta})$ 是推导出的方差协方差矩阵，$\boldsymbol{\theta}$ 是所有的未知参数，$\boldsymbol{S}$ 是样本方差协方差矩阵。在 $\boldsymbol{\theta}$ 的所有可能取值中求使得距离函数最小的取值即得到参数估计值，记为 $\hat{\boldsymbol{\theta}}$。

根据距离函数的构造方法不同，产生了不同的估计方法。常用的方法包括最小二乘估计、极大似然估计和广义最小二乘估计，这三种估计方法使用的距离函数分别为：

$$F_{LS} = \frac{1}{2} \operatorname{tr}\left[\boldsymbol{S} - \boldsymbol{\Sigma}(\boldsymbol{\theta})\right]^2 \tag{12.4}$$

$$F_{MLE} = \ln|\boldsymbol{\Sigma}(\boldsymbol{\theta})| + \operatorname{tr}[\boldsymbol{S}\boldsymbol{\Sigma}(\boldsymbol{\theta})^{-1}] - \ln|\boldsymbol{S}| - (p+q) \tag{12.5}$$

$$F_{GLS} = \frac{1}{2} \operatorname{tr}\left[(\boldsymbol{S} - \boldsymbol{\Sigma}(\boldsymbol{\theta}))\boldsymbol{W}^{-1}\right]^2 \tag{12.6}$$

式中，tr 表示矩阵的迹（trace），即对角线元素之和；p 和 q 分别表示 $\boldsymbol{Y}$ 和 $\boldsymbol{X}$ 的维数，即可测变量的个数；$\boldsymbol{W}$ 为权矩阵，如果取 $\boldsymbol{W}^{-1} = \boldsymbol{I}$，则广义最小二乘估计等价于普通最小二乘估计，如果取 $\boldsymbol{W}^{-1} = \boldsymbol{\Sigma}(\hat{\boldsymbol{\theta}})^{-1}$，则广义最小二乘估计等价于极大似然估计，

实际应用中常取 $W^{-1}=S^{-1}$。

（二）结构方程模型的识别条件

所谓结构方程模型的可识别性，是指未知参数的估计值是唯一的。根据上述结构方程模型的估计方法可知，在估计参数时，可以利用的已知信息是可测变量的方差协方差矩阵的元素。由方差协方差矩阵的对称性可知，已知元素一共有 $(p+q)(p+q+1)/2$ 个。如果待估计的潜变量个数大于已知元素个数，则无法得到参数的唯一估计值，称结构方程模型不可识别。记待估参数的个数为 t，则模型可识别的必要条件为：

$$t \leqslant \frac{1}{2}(p+q)(p+q+1) \tag{12.7}$$

但式（12.7）只是结构方程模型可识别的必要条件，结构方程模型可识别的充分条件比较复杂，感兴趣的读者可以参考相关教材。幸运的是，在很多情况下，如果必要条件满足，充分条件也满足，因此在估计参数之前对模型可识别性的必要条件进行判别是非常重要的。

需要注意的是，为了保证模型可识别，需要结构模型和测量模型同时可以识别。要使测量模型可识别，通常需要为每个潜变量指定至少 3 个可测变量，并且假定外生潜变量相关。

如果发现模型可识别的必要条件不满足，需要减少待估参数的个数，即对参数增加一些约束。常用的约束包括删除某条路径，例如假定某些潜变量之间没有关系，或者假定某些路径系数或因子载荷等于某个已知常数，或者假定某些参数是相等的。在多数结构方程模型的统计软件中，默认每个潜变量与它的一个可测变量之间的因子载荷等于 1，默认测量误差和随机误差对应的路径系数等于 1。

三、结构方程模型的评价与修正

（一）结构方程模型的评价

对于结构方程模型的估计结果，可以从两个方面进行评价：一是模型单个系数的显著性检验；二是模型整体拟合效果的评价。其中，系数的检验与回归分析类似，这里不再赘述，下面主要介绍一些常用的模型整体拟合效果的评价指标。

表 12—1　　　　　　　　　　　常用的结构方程模型评价指标

拟合优度指标	计算公式	评价标准
绝对指标		
χ^2	$\chi^2=(N-1)F_{MLE}$	P-value$>$0.05

续前表

拟合优度指标	计算公式	评价标准
SRMR	$SRMR = \sqrt{\dfrac{1}{n} \sum\limits_{j=1}^{n} \sum\limits_{k=1}^{j} \left(\dfrac{s_{jk}}{\sqrt{s_{jj}}\sqrt{s_{kk}}} - \dfrac{\hat{\sigma}_{jk}}{\sqrt{\hat{\sigma}_{jj}}\sqrt{\hat{\sigma}_{kk}}} \right)^2}$	<0.05
GFI	$GFI = 1 - \dfrac{\mathrm{tr}\left[(S - \hat{\Sigma})W^{-1} \right]^2}{\mathrm{tr}(SW^{-1})^2}$ $= \begin{cases} 1 - \dfrac{\mathrm{tr}(S - \hat{\Sigma})^2}{\mathrm{tr}(SS)} & (LS: W = I) \\[2mm] 1 - \dfrac{\mathrm{tr}(I - S\hat{\Sigma})^2}{n} & (GLS: W = S) \\[2mm] 1 - \dfrac{\mathrm{tr}(S\hat{\Sigma} - I)^2}{\mathrm{tr}(S\hat{\Sigma}^{-1})^2} & (MLE: W = \hat{\Sigma}) \end{cases}$	>0.9
AGFI	$AGFI = 1 - \dfrac{n}{df}(1 - GFI)$	$>0.9\ (0.92)$
RMSEA	$RMSEA = \sqrt{\max\left(\dfrac{\chi^2 - df}{(N-1)df}, \ 0 \right)}$	<0.05
相对指标		
NFI	$NFI = \dfrac{\chi^2_{null} - \chi^2}{\chi^2_{null}}$	>0.9
NNFI (TLI)	$NFI = \dfrac{\chi^2_{null}/df_{null} - \chi^2/df}{\chi^2_{null}/df_{null} - 1}$	>0.9
CFI	$NFI = \dfrac{(\chi^2_{null} - df_{null}) - (\chi^2 - df)}{\chi^2_{null} - df_{null}}$	>0.9
简约指标		
AIC	$AIC = \chi^2 + 2k$	越小越好

说明：N 为样本容量；n 为已知元素个数，即 $n = (p+q)(p+q+1)/2$；k 为待估参数个数；df 为 χ^2 的自由度，即已知元素个数减去待估参数个数；χ^2_{null} 是独立模型（即假定所有变量之间都没有相关性）的 χ^2 统计量；df_{null} 为 χ^2_{null} 对应的自由度。

（二）结构方程模型的修正

如果结构方程模型的拟合效果不好，则需要考虑对模型进行修正，改进拟合效果。改进拟合效果需要放松对参数的约束，例如取消对某些参数为 0 的假定，即在结构方程模型图中添加相应的路径。对模型的修正可以参考修正指数（modification index，MI）和参数期望变化（expected parameter change，EPC）。

MI 的含义是放松对某个参数的假定之后 χ^2 统计量发生的变动，即

$$MI = \chi_{old}^2 - \chi_{new}^2 \tag{12.8}$$

式中，old 和 new 分别表示修正前和修正后的模型。显然，MI 越大的参数，放松它带来的模型拟合效果的改进越明显，应当优先考虑。通常把 MI>4 作为变化显著的标准。

但是，仅仅是拟合效果改进明显不足以构成调整该参数的理由，还需要结合考虑参数估计值即 EPC 的变动，EPC 的计算公式为：

$$EPC = \hat{\theta}_i^{new} - \hat{\theta}_i^{old} \tag{12.9}$$

如果某个参数的 MI 和 EPC 都比较大，则放松该参数既能明显改进拟合效果，又能改进对参数实际含义的解释，因此应考虑放松对该参数的约束。当然，结构方程模型的修正一定要结合问题的理论和实际背景来进行。

需要注意的是，如果结构方程模型的拟合效果理想，也需要考虑对模型进行修正，目的是简化模型。具体的修正方法是要增加一些约束，例如删除某些路径，或假定某些参数相等。如果简化后模型的拟合效果没有显著变差，则可以考虑采用简化模型。

第二节　结构方程模型的实例分析

AMOS 是一款专用的结构方程模型分析软件，SPSS 公司将其与 SPSS 软件捆绑，从而方便用户同时使用 SPSS 和 AMOS 进行结构方程模型分析。AMOS 的"Graphics"模块通过图形化的界面来完成模型的设定，被普遍用于结构方程模型分析，本节通过实例来介绍 AMOS 的使用。

一、模型设定

本节使用的例子是心理学的例子。核心潜变量为疏离感（alienation），用命名障碍（anomia）和无力感（powerlessness）两个变量测量，在 1967 年和 1971 年进行了两次调查。此外，还有一个反映被调查者社会经济地位的潜变量，用受教育程度（education）和社会经济地位指数（SEI）测量。本例中我们对"SES 决定 alienation"这一假设进行检验。

在 SPSS 中，按照路径"分析"（Analyze）→"IBM SPSS Amos"即可打开 AMOS 软件，如图 12—6 所示。

打开 AMOS 软件之后，其主窗口如图 12—7 所示。窗口左侧为工具箱区；中间为多功能窗口，显示模型信息；右侧空白窗口即为结构方程模型的绘图区。

图 12—6　在 SPSS 中打开 AMOS

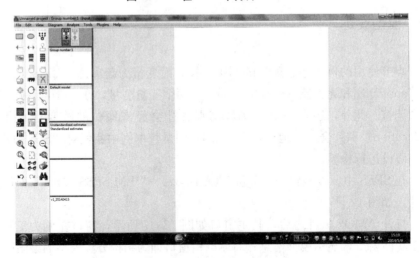

图 12—7　AMOS 主窗口

点击工具箱区的图标按钮，就可以执行相应的功能，再次点击图标，功能取消。主要图标及其含义如表 12—2 所示。其他图标可用于修饰图形或执行一些特定的操作，这里不一一赘述。

表 12—2　　　　　　　　　　　　　　　主要图标的功能

图标	功能
	绘制可测变量
	绘制潜变量
	为潜变量添加可测变量
	绘制单向的表示因果关系的箭头
	绘制双向的表示相关关系的箭头
	为变量添加误差项
	列出数据文件中的变量名称
	分别表示选择一个对象、选择所有对象和取消所有选择对象
	分别表示复制对象、移动对象和删除对象
	选择数据文件
	设定需要输出的统计量或需要计算的参数
	计算估计值
	浏览分析的输出结果

本例绘制的图形如图 12—8 所示。注意，要为内生潜变量添加随机误差项。

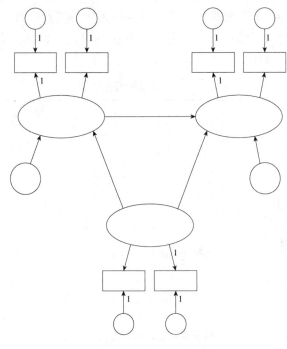

图 12—8　结构方程模型图

可以看到，在一些箭头上有数字"1"，这是 AMOS 为了保证模型的可识别性而默认的设置，没有数字的箭头表示这些箭头上的参数需要估计。

在每个对象的图框上单击右键，出现如图 12—9 所示的菜单。

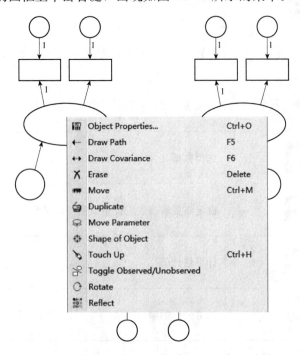

图 12—9　快捷工具菜单

选中"Object Properties"（对象属性），在弹出的对话框内设置潜变量的名称，如图 12—10 所示。关闭该窗口后，变量名称即出现在相应的图框内。

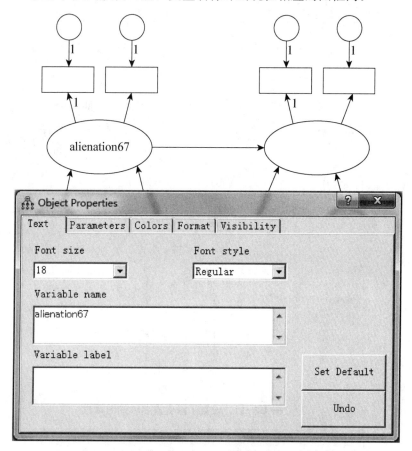

图 12—10 变量名称设置

用同样的方法为其他两个潜变量和所有的误差项设置名称，并将两个内生潜变量的随机误差项所对应的箭头上的参数设置为 1，得到如图 12—11 所示的图形。虽然可测变量的名称也可以用同样的方法进行设置，但要保证可测变量的名称与数据文件中的名称完全一致。为了避免错误，可测变量的名称可以在导入数据文件之后再设置。

点击▉▉按钮，在弹出的对话框（见图 12—12）中选择数据文件。方法是点击"File Name"（文件名称）按钮，选取数据文件，然后点击"OK"（确定）。如果想查看文件内容，可以点击"View Data"（查看数据）按钮进行查看。

AMOS 接受两种格式的数据文件，一种是原始数据，一种是变量的相关系数矩阵。需要注意的是，如果数据是相关系数矩阵，必须提供各变量的标准差数据，因为 AMOS 估计时采用的是方差协方差矩阵。本例的数据是变量的相关系数矩阵格式的，如图 12—13 所示。

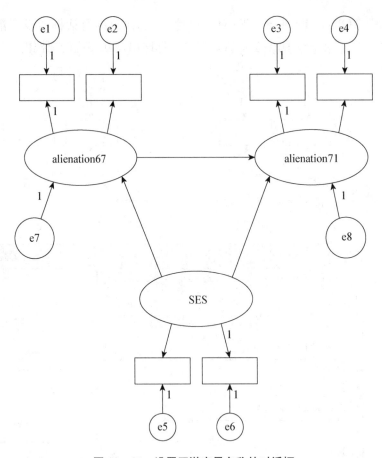

图 12—11 设置了潜变量名称的对话框

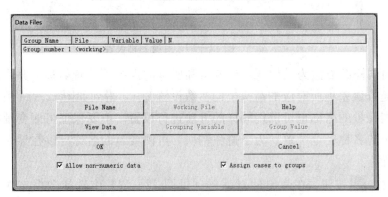

图 12—12 选择数据文件前的对话框

ROWTYPE_	VARNAME_	anomia67	powerlessness67	anomia71	powerlessness71	education	SEI
N		200.0000	200.0000	200.0000	200.0000	200.0000	200.0000
STDDEV		3.4408	3.0601	3.5401	3.1601	3.0984	21.2199
COV	anomia67	1.0000	.6598	.5598	.4399	-.3596	-.2999
COV	powerlessness67	.6598	1.0000	.4700	.5200	-.4102	-.2900
COV	anomia71	.5598	.4700	1.0000	.6700	-.3502	-.2895
COV	powerlessness71	.4399	.5200	.6700	1.0000	-.3702	-.2800
COV	education	-.3596	-.4102	-.3502	-.3702	1.0000	.5403
COV	SEI	-.2999	-.2900	-.2895	-.2800	.5403	1.0000

图 12—13 选择数据文件后的对话框

选择数据文件之后，点击"OK"（确定）回到绘图界面。点击▓按钮，会弹出"Variables in Dataset"（数据文件中的变量）对话框。对话框中列出了文件中的所有变量，将变量拖至绘图区相应的可测变量图框，即可完成模型设置，如图 12—14 所示。在绘制图 12—14 的过程中，可以对图形进行适当的美化，主要通过改变对象形状（✿图标）和移动对象来完成。

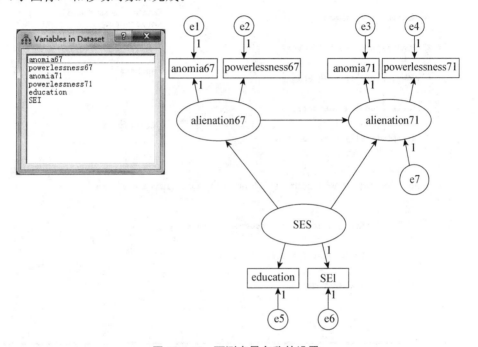

图 12—14 可测变量名称的设置

至此，完成了结构方程模型的图形绘制，图 12—14 称为输入图。

二、估计结果

点击▓按钮，即可完成估计。AMOS 默认的模型是没有均值和截距的模型，即外生潜变量的均值为 0，且因子模型以及内生潜变量的模型中不含截距项，只要对可测变量进行中心化即可。如果想要估计带有均值和截距的模型，需要进行下面的操作：点击▓按钮，在弹出的对话框中选中"Estimate means and intercepts"（估计均值与截距），如图 12—15 所示。

本例估计默认的无均值和截距的模型。估计完成之后，AMOS 会输出带有参数估计结果的图，即输出图。输入图和输出图可以通过点击模型信息区的路径图显示图标来切换。左侧图标为输入图图标，右侧图标为输出图图标，如图 12—16 所示。在估计之前，只有输入图图标是亮的，输出图图标为灰色显示；在估计之后，两个图标都被置亮，点击输出图图标，即可查看估计结果。

图 12—15　分析属性的设置

(a) 估计前　　　　　　　　(b) 估计前

图 12—16　路径图查看图标

　　本例的输出图如图 12—17 所示。图 12—17 中箭头上的数字为路径系数和因子载荷；外生潜变量图框旁边以及误差项图框旁边的数字为方差的估计值。

　　图 12—17 仅给出了参数的估计值，模型的更多结果需要在文本状态下查看。点击▦图标，弹出如图 12—18 所示的输出窗口。输出窗口中是树形结构，左边为输出结果的类别，其中，Estimates 输出参数估计的结果，包括点估计和检验结果；Model Fit 输出模型评价的各个指标。

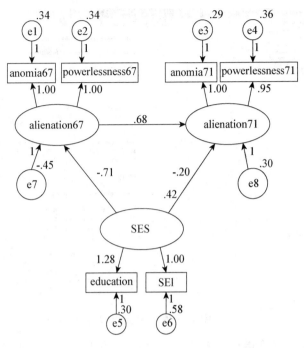

图 12—17 输出图

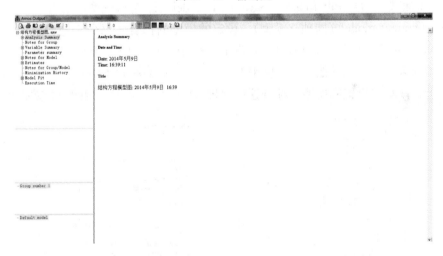

图 12—18 模型输出窗口

本例的参数估计结果如图 12—19 所示。Regression Weights 部分输出路径系数和因子载荷的估计结果。从潜变量之间的关系来看，alienation67 的路径系数为 0.685，对应的 p 值小于 0.01，表明滞后的疏离感有显著的正向影响，换言之，疏离感有持续性；SES 对 alienation67 的路径系数为 -0.71，对应的 p 值小于 0.01，表明经济社会地位对疏离感有显著的抑制作用，不过 SES 对 alienation71 的作用并不显著，表明经济社会地位对疏离感的影响在减弱。从因子载荷来看，所有的因子载荷都较大，且 p 值小于 0.05，表明本例构造的因子模型是合适的。最后，所有的方差的估计都大于 0，估计值是合理的。

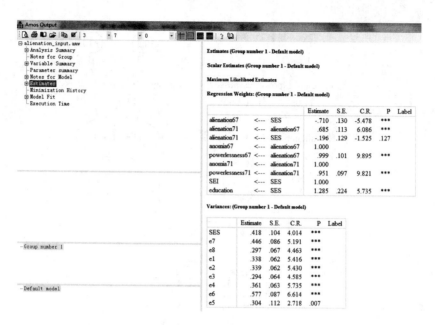

图 12—19　参数估计与检验结果

本例的模型评价指标如图 12—20 所示。可以看到，评价结果中包括三个模型，设定的模型为 Default model，Saturated model（即饱和模型，恰好可识别的模型），Independent model（即独立模型）。设定的模型的拟合效果介于饱和模型和独立模型之间。CMIN 即 χ^2，可以看到，p 值虽然小于 0.05，但大于 0.01，可以认为设定的模型比较理想。从其他评价指标来看，AGFI，NFI 和 TLI 都大于 0.9，RMSEA 小于 0.05，AIC 接近饱和模型。综合这些评价指标，可以认为模型的拟合效果很好。

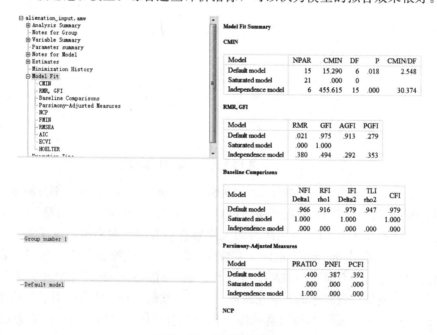

图 12—20　模型评价指标

SRMR 指标不属于默认的模型输出结果，需要进行专门的设定。方法是在菜单中按照 "Plugins"→"Standardized RMR" 路径打开 SRMR 对话框，此时对话框为空。不要关闭该对话框，再次估计模型，则 SRMR 对话框中会出现 SRMR 的数值，如图 12—21 所示。本例的 SRMR 为 0.021 3，小于 0.05，同样表明模型拟合效果良好。

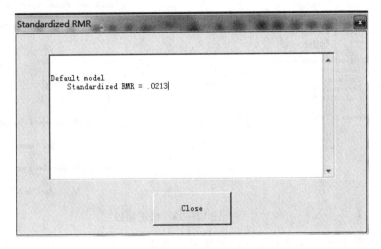

图 12—21　SRMR 指标

如果需要进行模型修正，点击▦按钮，在弹出的对话框中选中 "Output" 选项，在弹出的对话框中选中 "Modification indices"，如图 12—22 所示。进行再次估计，模型输出窗口中会增加修正指数类别，显示 MI 和 EPC 的信息，据此可以进行模型修正。

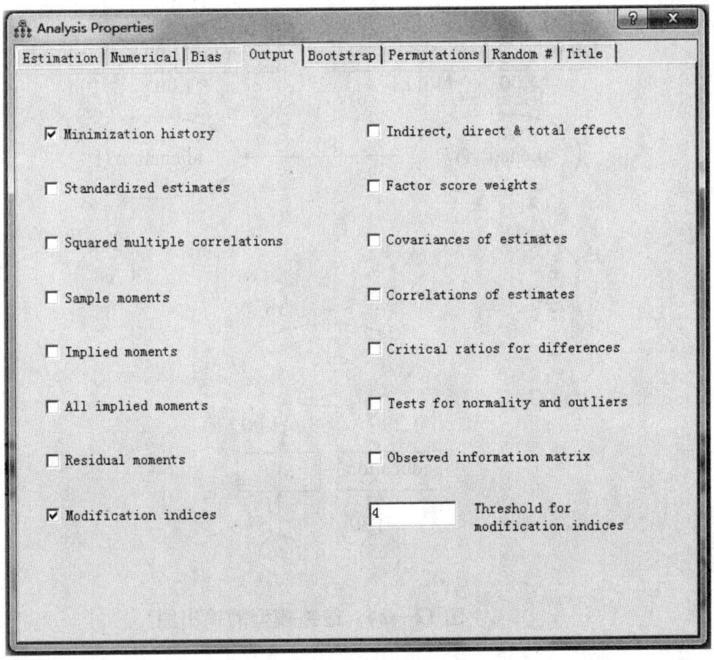

图 12—22　修正指标选项

本例的拟合效果良好，无须进行放松参数约束的修正，为了演示起见，图 12—23 给出了本例的修正指标。可以看到，尽管有几个参数的 MI 大于 4，但是 EPC 的变化都很小，因此本例不再放松对参数的假设。

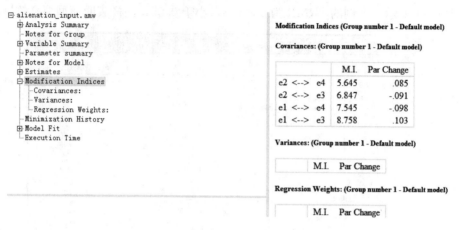

图 12—23　修正指标

　　鉴于模型的拟合效果良好，下面考虑增加一些假设。根据参数估计结果，SES 对 alienation71 的影响不显著，考虑删除这条路径。根据估计结果，发现新模型的各项参数估计值显著，且没有不合理的情况出现。评价指标与前面的模型非常接近，仍然是一个拟合良好的模型。最终决定采用新模型，其估计结果如图 12—24 所示。

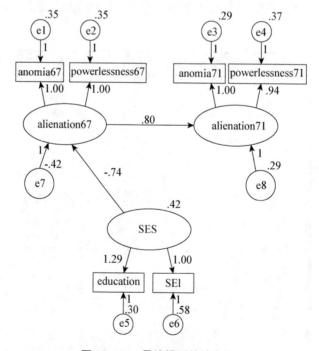

图 12—24　最终模型的输出图

第三节 结构方程模型的注意事项

结构方程模型常称为线性因果关系模型，在前面的介绍中也提到了箭头表示因果方向，但需要指出的是，结构方程模型并不会自动识别并估计因果关系，其输入图所表达的关系是研究者假定的因果关系，应当建立在研究者对所研究问题的深刻的理论洞察力的基础之上。

结构方程模型的参数估计性质都是大样本性质，因此结构方程模型通常要求较大的样本量，一般要求样本量大于 200。

结构方程模型假定可观测变量服从联合正态分布，如果数据不服从正态分布，则参数的极大似然估计有偏，且卡方统计量不服从卡方分布，检验失效。因此，在进行结构方程模型分析之前，需要进行正态性检验。对于数据非正态的情况，可以采取一些稳健的估计方法，例如 AMOS 提供的 ADF（asymptotically distributed free）估计方法。

此外，结构方程模型在很大程度上受异常值的影响，因此在分析前要对异常值进行诊断。

参考文献

1. Bartholomew，David J. *Analysis of multivariate social science data*. 2nd ed. CRC Press，2008

2. Johnson，Richard A. and Wichern，Dean W. *Applied Multivariate Statistical Analysis*. 6th ed. Pearson Education，Inc.，2007

3. Lattin，James M.，Carroll，J. Douglas，and Green，Paul E. *Analyzing Multivariate Data*. Thomson Learning，2002

4. Timm，Neil H. *Applied Multivariate Analysis*. Springer，2002

5. Wolfgang Karl Härdle Léopold Simar. *Applied Multivariate Statistical Analysis*. 3rd ed. Springer，2012

6. Byrne，Barbara M. *Structural Equation Modeling with AMOS*. 2nd ed. Routledge，2010

7. 高惠璇. 应用多元统计分析. 北京：北京大学出版社，2005

图书在版编目（CIP）数据

多元统计分析：原理与基于 SPSS 的应用/李静萍编著. —2 版. —北京：中国人民大学出版社，2015.4

数据分析系列教材

ISBN 978-7-300-20849-7

Ⅰ.①多… Ⅱ.①李… Ⅲ.①多元分析-统计分析-高等学校-教材 Ⅳ.①O212.4

中国版本图书馆 CIP 数据核字（2015）第 034063 号

数据分析系列教材
多元统计分析——原理与基于 SPSS 的应用（第二版）
李静萍　编著
Duoyuan Tongji Fenxi：Yuanli yu Jiyu SPSS de Yingyong

出版发行	中国人民大学出版社		
社　　址	北京中关村大街 31 号	邮政编码	100080
电　　话	010 - 62511242（总编室）	010 - 62511770（质管部）	
	010 - 82501766（邮购部）	010 - 62514148（门市部）	
	010 - 62515195（发行公司）	010 - 62515275（盗版举报）	
网　　址	http://www.crup.com.cn		
	http://www.ttrnet.com（人大教研网）		
经　　销	新华书店		
印　　刷	北京溢漾印刷有限公司	版　次	2008 年 6 月第 1 版
规　　格	185 mm×260 mm　16 开本		2015 年 4 月第 2 版
印　　张	12.5 插页 1	印　次	2021 年 1 月第 3 次印刷
字　　数	262 000	定　价	29.00 元

教师教学服务说明

中国人民大学出版社工商管理分社以出版经典、高品质的工商管理、财务会计、统计、市场营销、人力资源管理、运营管理、物流管理、旅游管理等领域的各层次教材为宗旨。

为了更好地为一线教师服务，近年来工商管理分社着力建设了一批数字化、立体化的网络教学资源。教师可以通过以下方式获得免费下载教学资源的权限：

在中国人民大学出版社网站 www.crup.com.cn 进行注册，注册后进入"会员中心"，在左侧点击"我的教师认证"，填写相关信息，提交后等待审核。我们将在一个工作日内为您开通相关资源的下载权限。

如您急需教学资源或需要其他帮助，请在工作时间与我们联络：

中国人民大学出版社　工商管理分社

联系电话：010-62515735，82501048，62515782，62515987

电子邮箱：rdcbsjg@crup.com.cn

通讯地址：北京市海淀区中关村大街甲 59 号文化大厦 1501 室（100872）